新型职业农民培育系列教材

新型农业机械使用与维修

郑先凯　韩　李　李振辉　主编

中国林业出版社

图书在版编目(CIP)数据

新型农业机械使用与维修 / 郑先凯，韩李，李振辉主编. —北京 ：中国林业出版社，2016.8
新型职业农民培育系列教材
ISBN 978－7－5038－8666－9

Ⅰ. ①新… Ⅱ. ①郑… ②韩… ③李… Ⅲ. ①农业机械－使用方法－技术培训－教材②农业机械－维修－技术培训－教材 Ⅳ. ①S220.7

中国版本图书馆 CIP 数据核字(2016)第 194292 号

出　版 中国林业出版社(100009　北京市西城区德内大街刘海胡同 7 号)
E-mail Lucky70021@sina.com　**电话** (010)83143520
印　刷 北京市文星印刷厂
发　行 中国林业出版社总发行
印　次 2016 年 8 月第 1 版第 1 次
开　本 850mm×1168mm　1/32
印　张 7.75
字　数 200 千字
定　价 26.00 元

《新型农业机械使用与维修》

编委会

主　编　郑先凯　韩　李　李振辉

副主编　罗　平　高增焜　冀东东

闫荣常　胡文武　曹　俊

编　委　（按笔画排序）

王　友　王丽娟　王素清

孔庆岚　肖敏贤　陈　维

赵彩芬　郭金库

前　言

随着我国农村经济不断发展和壮大，农民购买经营农机具的积极性空前高涨，农业机械的品种和数量也越来越多。由于大部分农业机械使用者缺乏正确的使用常识和常规维护经验，加之平时保养不善，造成农业机械零部件损坏多和人为使用故障多，不但在经济上给农户造成不必要的损失，也耽误农时和农业生产。因此，农业机械的正确使用与保养是一项十分重要的农机管理工作。

本书在编写时力求以能力本位教育为核心，语言通俗易懂，简明扼要，注重实际操作。主要介绍拖拉机的使用与维修、联合收割机的使用与维修、耕整地机械的使用与维修、播种机械的使用与维修、水稻育秧及插秧机械的使用与维修、植保机械的使用与维修等方面内容，可作为有关人员的培训教材。

编　者

目　录

模块一 拖拉机的使用与维修

第一节 拖拉机的基本组成

拖拉机主要由发动机、底盘和电气设备三大部分组成。图 1-1为轮式拖拉机纵剖面图。

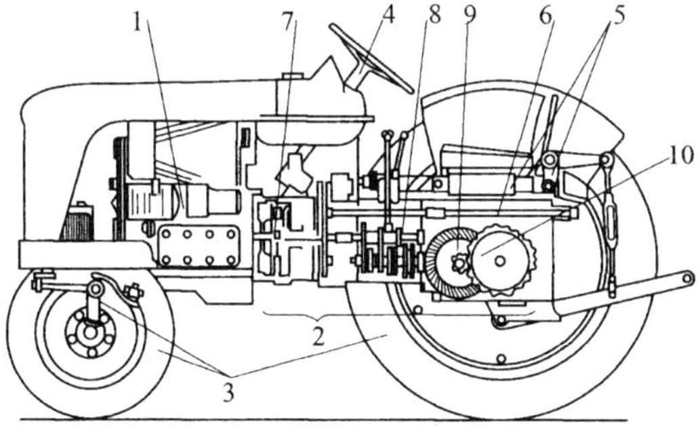

图 1-1 轮式拖拉机纵剖面图

1. 发动机 2. 传动系统 3. 行走系统 4. 转向系统
5. 液压悬挂系统 6. 动力输出轴 7. 离合器 8. 变速箱
9. 中央传动 10. 最终传动

一、发动机

发动机是整个拖拉机的动力装置,也是拖拉机的心脏,为拖拉机提供动力。凡是把某种形式的能量转变为机械能的装置都称为发动机。发动机因能源不同可分为风力发动机、水力发动机和热力发动机等。

拖拉机的发动机一般是直列式、水冷、四冲程柴油发动机。

二、底盘

底盘是拖拉机的骨架或支撑，是拖拉机上除发动机和电气设备外的所有装置的总称，它主要由传动系统、转向系统、行走系统、制动系统和工作装置组成。

(一)传动系统

传动系统的功用是将发动机的动力传给拖拉机的驱动轮，使拖拉机获得行驶的速度和牵引力，推动拖拉机前进、倒退和停车，图 1-2 为履带式拖拉机传动系统简图。

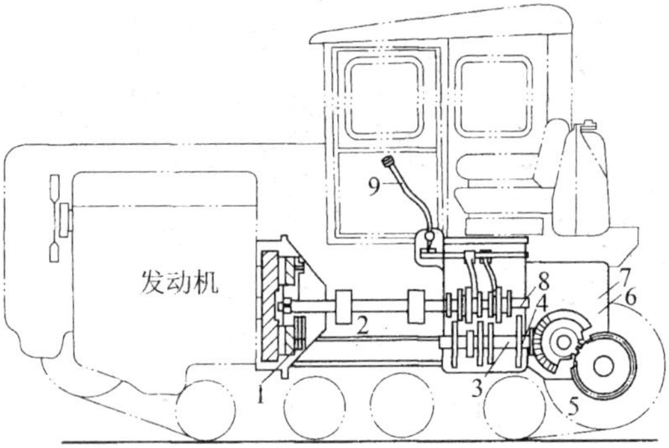

图 1-2　履带式拖拉机传动系统简图

1. 离合器　2. 联轴器　3. 变速箱　4. 从动轴　5. 最终传动　6. 中央传动　7. 后桥　8. 主动轴　9. 变速杆

(二)转向系统

拖拉机的转向系统由方向盘、转向器和一系列杆件组成；手扶拖拉机的转向系则采用牙嵌式离合器；履带式拖拉机的转向系统由转向离合器及操纵杆等机件组成。

转向系统的功能是控制和改变拖拉机的行驶方向。

(三)行走系统

行走系统的功用是支撑拖拉机的全部重量,并通过行走装置使拖拉机产生移动。拖拉机的行走装置有履带式和轮式两大类。履带式行走装置与地面的接触面积大,在松软或潮湿的土壤上面下陷较少并不容易打滑;轮式行走装置与地面的接触面积小,在松软或潮湿的土壤上面下陷较深,容易打滑。为增大接触面积、减少打滑现象,驱动轮直径常常选得较大,而轮胎的气压也较低。轮式行走装置又有橡胶充气轮胎和各种特制的铁制行走轮之分。

(四)制动机构

轮式拖拉机的制动系统由左、右制动器,制动拉杆,制动踏板等组成,它采用后轮制动。后轮制动常采用分侧制动结构,以协助转向,减小转弯半径。

履带式拖拉机采用转向离合器,以单侧分离动力,配合制动来实现转向和360°转向。

制动系统的功能是使机车能迅速减速和停车,以及使之能够可靠地停放在平地或坡地上。

(五)工作装置

工作装置用于牵引、悬挂农具或通过动力输出轴向作业机具输出动力,以便完成田间作业、运输作业或农产品的加工等固定场所的作业,以扩大拖拉机的作业范围。工作装置包括液压悬挂装置、牵引装置和动力输出轴,有的拖拉机只配有液压悬挂装置和牵引装置,没有动力输出轴。

牵引装置和液压悬挂系统是用来把农机具挂接在拖拉机上

进行各种农田作业。

液压悬挂系统主要由液压泵、分配器、悬挂机构等组成，可以使农机具升降或自动调节耕深。

动力输出装置的功能是将拖拉机的动力输出，带动其他机械进行固定作业，或驱动农机具的某些工作部件进行田间作业。

三、电气设备

电气设备主要用来解决拖拉机的照明、信号及发动机的启动等，由发电设备、用电设备和配电设备三部分组成。

发电设备包括蓄电池、发电机及调节器；用电设备包括启动电动机、照明灯、信号灯及各种仪表等；配电设备包括配电器、导线、接线柱、开关和保险装置等。

第二节　驾驶基本要求与操纵机构的正确使用

一、基本要求

拖拉机的驾驶要求驾驶员：一要具有敏锐的观察能力；二要有准确、迅速的判断能力；三要有熟练的操作能力；四要有自觉遵规守纪的意识。

练就这些本领的关键在于掌握好基本操作要领，如发动机的启动、熄火，拖拉机的起步、行进、变速、转向、停车和转弯、掉头等；同时要掌握道路交通法律、法规的相关规定。

二、主要操纵机构的正确使用

拖拉机的驾驶员要树立高度的责任感，严格遵守道路交通法规和职业道德，开好文明车、安全车。

(一)正确的驾驶姿势

正确的驾驶姿势便于驾驶员自如地运用操纵机件,观察仪表和道路情况,减轻驾驶员的疲劳,确保正确、灵活、安全地进行驾驶操作。

驾驶操作前,应根据自身情况将驾驶员座椅调整合适,一般调整至左脚掌能将离合器踏板踩到底;手臂伸直,手腕能按着转向盘时针的12时位置。

正确的驾驶姿势是:驾驶员对正方向盘坐稳,座位高度调整适当,姿势自然。腰背部紧靠座位的靠背,胸部稍挺,头部端正,肌肉放松;两手分别握住方向盘左右两侧,两眼向前平视,看远顾近,注意两旁;两膝分开,左脚放在离合器踏板下方,右脚以脚跟为支点放在油门踏板上,并兼顾制动。

(二)方向盘的正确使用

(1)操作方向盘式拖拉机时,身体对准方向盘坐稳,两手分别握稳方向盘边缘的左右两侧。四指由外向内握,拇指在内沿自然伸直靠住盘缘,左手应放在时钟9～10时的位置,右手放在时钟3～4时的位置,操作方向盘以左手为主,右手为辅。这样,当右手操纵其他机件时,左手仍能在一定范围内控制方向盘。

(2)在平直道路上使用方向盘时,方向盘握稳但不能握死,两手动作应平衡、相互配合,避免不必要的晃动,车辆转弯时,须根据转弯方向一手拉动,一手推动,方向哪里转,眼睛就应往哪里看,且方向盘的转动速度应与行驶速度相适应。

(3)车辆急转弯时,应两手交替推动方向盘,以加快转弯动作。两手交替快速转动方向盘时,动作要连贯、协调。

(4)在高低、凹凸不平的路面上行驶时,应紧握方向盘,以防止击伤自己的手,甚至造成行驶方向失控。

(5)转动方向盘时,用力不能过猛,不许原地硬打死方向,不许用两手不变换位置地断续推进方向盘;也不许用单手或双手集中在一处来掌握方向盘。需用一手操作其他机件时,允许短时间单手操纵转向盘,但绝不能双手同时离开方向盘。

(三)油门的正确使用

油门是控制发动机供油量大小,从而在小范围内调节拖拉机行驶速度的机构。驾驶员操纵油门时要注意以下几点:

(1)操纵油门踏板时,用踝关节的伸屈动作踏下或放松踏板。踏下踏板则发动机转速加快,放松踏板则发动机转速减慢。

(2)对拖拉机负荷和机件的运行状态作出比较正确的判断,使用油门踏板应平稳,做到轻踏、缓抬,不宜过急。

(3)起步时,在放离合器的同时,逐渐加大油门。下坡时,不得加大油门,上坡时应提前加大油门,上陡坡时,应提前挂入低速挡,然后加大油门。

(4)车辆转弯时应提前减小油门,不允许用高速大油门;停车空转时,不要用大油门;熄火时不许轰大油门。不许用轰油门来当信号使用,以免加剧发动机机件的磨损和损坏。

(四)离合器的正确使用

离合器踏板是离合器操纵机件,用以控制发动机与传动系动力的连接或断开,便于拖拉机启动、起步、停车和换挡。离合器的使用应注意以下几点:

(1)使用离合器时,用左脚前半部(脚掌)踏在离合器的踏板上,以膝和脚关节的屈伸来踏下或放松离合器。

(2)踏下离合器时动作必须迅速,使离合器快速、彻底分离;而接合离合器时则应缓慢,使离合器接合平稳,柔和无冲击,待完全接合后,应快速地松开踏板。

(3)行驶中,不得将脚放在离合器踏板上,不得用离合器半分离状的办法来控制车速,以免加速离合器的磨损。

(4)需较长时间停车时,应将变速杆放在空挡位置,然后接合离合器。

(5)发现离合器打滑、分离不彻底等故障时应及时排除,不准“带病”作业。

(五)变速杆的正确使用

驾驶员能否正确、及时、敏捷地换挡,对保护运动机件、提高工作效率、节约燃油及安全行车都有重要作用。换挡的目的是使准备啮合的两只齿轮的速度基本一致,再进入啮合,以避免撞击、打齿,造成发动机功率浪费。使用变速杆时,需注意以下几点:

(1)要熟练掌握挡位,换挡时,两眼应注视前方,一手握稳方向,另一手操纵变速杆,手脚配合要协调,动作要迅速、准确。

(2)换挡时,要正确运用油门和离合器,不得强推硬拉变速杆,以免使齿轮发生撞击。如车辆起步挂不上挡,可稍许接合离合器,再分离重挂,或将变速杆推入其他挡位,随即退出再挂。

(3)掌握好换挡时机。适时换挡,使换入的挡位与车速相适应。

(4)拖拉机从低速挡换入高速挡时,应先加大油门,提高车速,到车速适合换入高一挡时立即减小油门,分离离合器,将变速杆拨入高一级挡位,然后缓慢地接合离合器,同时逐渐加大油门,使拖拉机继续行驶。

(5)拖拉机从高速挡换入低速挡时,应采用“两脚离合器一脚油门法”,即先减小油门,降低车速,然后分离离合器,将变速杆挂入空挡后再接合离合器,加大油门,并再次分离离合器,迅速将变速杆换入低一级挡位;再次接合离合器,逐渐加大油门,使拖拉机继续行驶。

(6)拖拉机换挡一般应逐级进行,但当车速已大大下降或下坡将要结束时,在不影响机件正常运转的情况下,允许超级换挡。

(7)拖拉机由前进挡换倒挡或由倒挡变前进挡时,必须先使车停稳,然后进行换挡。

(六)制动器的正确使用

1. 制动踏板的正确使用

正确、适当地运用制动器,能使拖拉机在最短的距离内安全地减速或停车而不损坏机件,使用制动器时,需注意以下几点:

(1)减速制动时,先减小油门,利用发动机产生的阻力来降低车速。同时间歇地踏下离合器和制动踏板,以使拖拉机进一步降低速度。

(2)在停车时,需先减小油门,在使离合器分离的同时踏下制动踏板。

(3)下坡、上坡时制动,应提前换入低速挡减小油门,充分利用发动机产生的阻力控制车速,并适时踏下制动踏板。

(4)紧急刹车时,应立即减小油门,同时迅速踏下制动踏板及离合器使离合器分离,迫使车辆在最短距离内停住。

(5)车辆在湿滑路段及沙石路段上应减速行驶,制动动作应缓和。当发动机转速明显降低时,才能分离离合器,使拖拉机缓慢停住。严禁紧急刹车,以防滑溜和侧滑。

2. 驻车制动器操纵杆的正确使用

驻车制动器操纵杆又称手制动器操纵杆,供驻车时制动,以免车辆自行溜动。在行驶中遇到紧急情况要停车时,可以辅助脚制动,以增强整车的制动效果。在脚制动失效时,也可用手制动进行避险,辅助车辆停车,但不能代替脚制动。在坡道上起步时,通常用手制动配合,以阻止车辆溜动。

操作方法：用右手把制动杆向后拉紧，制动即起作用。解除制动时，先将杆体稍向后拉，然后用大拇指按下杆顶上的按钮，或用手掌压下杆把上的按钮，再将杆体向前推送到底，即解除制动作用。

第三节　驾驶基本操作

一、启动

（一）启动前的准备

（1）检查变速箱、发动机油底壳的油面，油量不足时应予以补充。

（2）检查各操纵机构是否灵活可靠。如不符合要求，应进行调整。

（3）检查各主要连接部分的螺栓是否紧固，特别是转向、制动、驱动轮的螺栓螺母等，必要时应加以紧固。

（4）检查前后、左右轮胎气压是否充足，并保持一致。

（5）添加柴油。

（6）加水，用清洁软水加入水箱，冬季应加热水，以利于启动。

（7）向各润滑点加注润滑油。

（二）启动

（1）拉紧驱动制动器，将变速杆放在空挡位置。

（2）用热水预热发动机，发动机温度应达到30～40℃。

（3）踏下离合器踏板，并稍踏油门踏板。

（4）打开减压机构，打开电门开关启动，待曲轴达到一定转速后，放下减压手柄即可启动。用启动机启动时，每次使用时间不应超过5秒，再次使用时需停15秒左右，连续启动不得超过3次。

(5)启动后应让发动机怠速空转5～10分钟，松抬离合器踏板，并倾听发动机声音正常，水温达到40℃以上才能挂挡起步。

另外，要注意尽量不要利用斜坡启动，因为斜坡启动是靠轮胎转动来带动发动机的，会增加轮胎磨损。同时，斜坡启动会使传动零件承受冲击负荷，容易引起传动齿轮、离合器或曲轴损坏。此外，下坡启动会使润滑油来不及送至摩擦表面，从而增加摩擦件的磨损。

二、起步

起步操作时，驾驶姿势要端正、自然，注意环视车辆四周情况，确认无其他人员或障碍时，发出起步信号(打转向灯、按喇叭)，然后将变速杆挂入低速挡，解除驱动制动器，缓慢地使离合器接合，同时逐渐加大油门，以克服起步阻力，防止发动机熄火或冲击，使拖拉机平稳起步。在上坡起步时，要在放松制动器的同时，缓慢平稳地使离合器接合。当离合器开始接合时(发动机声音变沉闷时)，立即完全放松制动器、离合器，并逐步加大油门，使拖拉机平稳起步。离合器、制动器、油门三者之间必须协调一致，否则容易造成溜坡或熄火。

拖拉机在冰雪或泥泞的道路上起步，如驱动轮打滑，应清除轮下的冰雪、泥浆，然后铺上沙石或垫上秸秆。

三、停车

一般的停车，先抬起油门踏板，采用预见性制动，降低车速，打开右转向灯，逐渐靠右行驶，接近预定的停车点时，踏下离合器踏板，滑至停车点，踏下制动踏板，平稳地停车。

(一)平地停车

应预先减小油门,将离合器分离,待拖拉机滑行至停车地点时,脚踩制动器即可停车。停车后,将变速杆放在空挡位置,松抬离合器踏板,拉紧手制动器。

(二)坡上停车

一般情况下,不要在斜坡上停车,如因特殊情况需要停车时,应将拖拉机处于制动状态,并在轮胎前后塞上三角木。如熄火停车,则应将拖拉机挂上挡位:上坡车应挂前进低速挡,下坡车挂上倒挡,以免溜坡造成事故。拖拉机不熄火停车时,驾驶员不能远离。

(三)紧急停车

驾驶员右脚松抬油门踏板,立即踩住制动踏板,拖拉机即可迅速停车。一般情况下,不能猛刹车,如果一次刹车不好就应连续刹车几次,因为猛刹车不仅对驾驶员很不安全,而且会使拖拉机的变速轴等受冲击应力而扭歪,传动零件也容易损坏。

四、各种特殊环境下的安全驾驶

特殊的气候与环境下驾驶时,需根据气候与环境的不同作适当的技术调整。

(1)雨天。下雨时往往天气阴沉、能见度低,且地面上水多易打滑,制动性能差。因此,一定要低速行驶。湿刹车时,切不可长时间一脚踩死,以防侧滑。如遇大雨大雾天,还应打开防雾灯和车辆示宽灯。

(2)风雪交加的冬天。由于地面积雪结冰,容易打滑,开车时应做到不急转弯,不经常换挡、停车和起步,不紧急刹车,不高速行驶,最好采用低速平稳行驶。

(3)炎热天气。气温高且昼长夜短,因此驾驶员要注意有足够的休息时间,防止开车犯困而出事故;高温机车散热困难,机体温度较高,使润滑油变稀而增加机件磨损,必须注意增加保养内容及缩短保养周期。

特殊路面路况不同,驾驶的技术要求也应有所不同,需作适当的调整。

(1)泥泞路面。一是注意防陷,不可反复前进或后退,以防愈陷愈深;二是注意减速通行,不要太靠近路边或沟边,防止侧滑;三是不允许急转弯或急刹车。

(2)涉水行驶。首先要选择好行车路线,选择流量小、水位低、路基紧实平整的路线。行驶时,要提前挂低挡,加大油门,缓慢通过,中途不能变速,不能停车,不要减油门,以免发动机熄火而使启动困难。

(3)坡道行驶。分上坡、下坡和横坡行驶。

上坡行驶:注意防止溜坡或翻车,上坡前要根据坡度、坡长或载重情况,选择适当的速度,尽量避免中途换挡。一般以选择低挡、大油门平稳行驶为好。

下坡行驶:拖拉机下坡时,绝对不能挂空挡溜坡滑行,严禁中途换挡和紧急刹车。正确的做法是,在下坡之前选择好低挡、小油门,靠发动机的低速运转来牵制拖拉机的行驶速度,不让拖拉机高速下行。

横坡行驶:在横坡上行驶时,一是要挂低挡,使拖拉机保持均匀地慢速前进;二是要注意选择好行驶路线与方向,操作时要把稳方向,少在坡地上打转向,尽量避免打死方向,一旦出现突发情况需要调整方向时,不要向上坡方向转动,以免造成翻车。

(4)险峻的山区弯道与狭路行驶。险峻弯道与狭路是指路幅宽度受到限制的急弯狭路,大都地势险峻,靠内侧一边是岩石，外侧一边临险崖陡壁。通过时，货物装载凡是影响车宽的外伸部分要尽量消除或改善。行驶中，注意力要侧重于路面，并注意观察交通标志，不要无故地窥视崖下的深度，以免分散注意力影响行车安全。

临近弯道时，要注意行驶路线，还要观察路基边缘是否坚实可靠，在陡坡转弯要及早换入足够动力的挡位，以利双手有效地操纵方向盘。发现前方来车时，立即考虑会车条件，有障碍方应主动选择安全会车地段，提前停车。

第四节　驾驶训练

一、场地驾驶训练

拖拉机驾驶是一门专业技术，要成为一名合格的驾驶员，必须经过严格的技术培训和实地训练。场内训练主要是在有一定设施和障碍的场地内训练学员对车辆发动、起步、转向、倒车、制动、停车和通过障碍等方面的基本操作技术。通过学习、训练，培养学员的判断能力、目测能力及适应环境的能力。

场内驾驶要求驾驶员对自己所驾驶车辆的技术参数十分熟悉，能正确判断车身前后左右边缘及轮胎的位置，掌握机动车转向时车身的运动规律。要求驾驶员对驾驶的机动车各部分位置有准确了解，这样才能在驾驶机动车时，准确判断并控制车辆的位置，正确选择安全通道。

场内式样驾驶与行驶路线如图 1-3 所示。

现行考场图示能够鉴别驾驶员对拖拉机掌握的熟练程度及目测判断能力，同时还能为驾驶员能否进入下一阶段的技术考核提供依据。

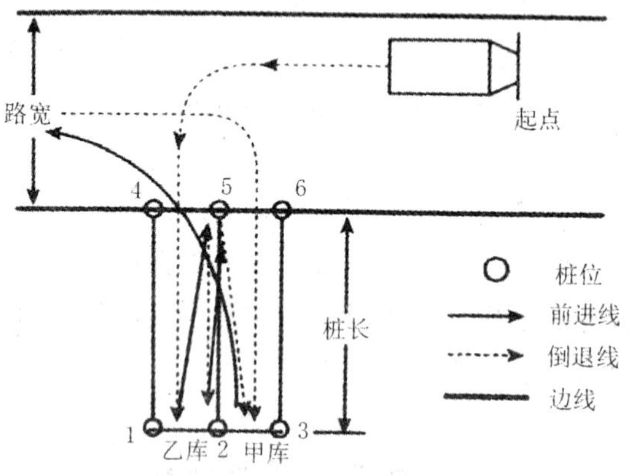

图 1-3　场地式样驾驶路线

场地训练必须在教练员的指导下开展，主要训练内容如下：

(1)掌握正确的驾驶姿势。

(2)掌握平稳起步的要领。

(3)掌握车辆行驶路线(必须按规定路线穿桩)。

(4)熟练掌握方向，不打死方向，根据目测不使车身任何部位出线、碰桩。

(5)掌握车速，熟练控制油门，使车速平稳，不中途停车、熄火。

(6)熟悉掌握离合器使用技术，接合要平稳，分离要彻底。

(7)掌握停车要领，下车时关掉电门，拉紧手制动器。

场内考试成绩评定标准：有下列情况之一者为不合格。

(1)未按规定路线行驶。

(2)移库不入。

(3)碰桩。

(4)车身任何部位出线。

(5)原地打死方向。

(6)溜动。

(7)车速不稳，严重闯动。

(8)中途停车、熄火。

(9)投机取巧。

二、道路驾驶训练

道路驾驶训练是学习驾驶技术的最后内容。通过道路训练要求驾驶员能够自觉遵守交通规则和操作规程，听从管理人员的指挥和检查。在车辆运行中针对交通规则、指挥信号和标志杆线能灵活地进行起步、制动、倒车、调头以及会车、变速和停靠等，提高应变能力和判断能力。

道路驾驶训练的道路选择。首先应能满足道路驾驶考核的要求。通常情况下考虑路线内要通过城(村)镇街道和公路，以使驾驶员熟练掌握街道和公路两种交通环境下的驾驶技术，掌握通过障碍的能力以及判断和应变预防能力。在线路的选择上应有直线线路、平路、弯路、坡路等，训练路线长度应以 2 千米左右为宜。

道路训练时必须在教练员随车指导下进行。主要训练内容有以下几点：

(1)上车起步。先将拖拉机发动，并观察车辆运转情况，认为无异常后上车，坐姿要端正。在起步前必须仔细观察车辆周围情况，在无妨碍行车障碍物的情况下，发出转向信号，挂上低速挡，解除制动锁，放松离合器，并适当加大油门。要求起步平稳，无闯车情况发生。

(2)换挡。起步后换挡要及时。训练时，起步后加速必须逐级加挡，减速时必须逐级减挡。动作要协调、迅速，目视前方。避免发生齿响、换错挡、重闯及方向游动等情况。

(3)上坡停车起步。上坡停车前必须先发出右转向信号，到目标点时制动停车，并将手制动拉紧。上坡起步时，先打开左转向灯、鸣笛，踏下离合器踏板，挂上低速挡，缓慢接合离合器，适当加大油门，松开手制动器，三者协调配合，使车辆平稳起步，驶入主车道后，关掉转向灯。

(4)转弯和调头。训练中，遇到转弯和调头时，必须环顾周围情况，并提前发出转向信号，同时应选择较好的路面和地段进行。调头一般为一进一退，即一次前进、一次倒退完成调头。调头过程中必须熟练掌握方向。

(5)会车。会车前，应看清对方行车的速度、车型及装载情况，根据道路的宽窄、视线好坏、交通情况适时调整自己的车速，在没有划中心线的道路和窄路、窄桥，应该礼让，自觉做到"先慢、先让、先停"，选择适当会车地点靠道路右边通过。当对面已来车，而自己前方右侧有同向而行的非机动车或障碍物时，须根据各车离障碍的距离、速度及道路情况，决定加速越过或减速等待，既要避免在障碍处会车，也应避免不必要的停车交会。

(6)超车。超车前，应观察前方道路是否具备超越条件，若允许，先打左转向灯，观察后视镜是否有后车超越，驶入超车道，向前车左侧接近，到20～30米处鸣喇叭，夜间使用近远光变换示意，待前车让路减速后从左边超越。超越后打右转向灯，在不妨碍被超车辆正常行驶的情况下，驶入正常行驶路线。

超车时，注意力要高度集中，不仅要控制好自己车辆的速度、方向，而且要随时注意被超车辆的动态，还要观察道路上行人、障碍物和其他车辆的动态变化，如果发生突发情况，应及时采取减速避让措施或减速尾随被超车辆，待有机会再重新超车，但要慎用紧急制动，避免猛打方向盘使车辆失控发生碰撞。若被超车前方右侧有障碍或前车没有让路及迎面来车等情况，不能强行超车。超车过程中要正确估计各车速度，特别是迎面来车时。

(7)让超车。行驶中，应注意后面有无车辆尾随，发现有车要求超越时，即估计道路及交通情况，要减速让路，并开右转向灯，必要时用手势示意后车超越，不得无故不让路不减速。若前方有非机动车或障碍物不能被超越时，应开左转向灯驶在路中，示意后车不能超越。在让超车过程中，若发现右前方有障碍，不能突然左转方向绕越障碍，以免发生事故，应急剧减速，甚至停车待超。让车后，应注意后视镜，在确定无其他车辆接连超越时，再驶入正常行驶路线。若遇对面前方有超车，而与我车相逼近时，也须减速让车，给人方便，以确保安全。

第五节 拖拉机常见故障分析与排除

一、概述

(一)故障产生的原因

形成故障的原因是多方面的，但归结起来就是自然因素和人为因素两大类。自然因素是指拖拉机在长期使用中，由于配合件之间的相互摩擦，高温、负荷、腐蚀、振动等造成的零件磨损、腐蚀、老化以及紧固件的松脱等，这在拖拉机使用过程中必然存在，是符合自然规律的，虽然无法完全消除和避免，但人们可以通过采取一些技术措施来减轻其作用强度。人为因素是指人们在使用拖拉机过程中，由于经验不足、使用操作不当、维护保养不当，以及拖拉机本身设计制造不良、零部件质量低劣等原因，造成拖拉机出现非正常性的故障，这是应当而且能够避免和消除的。

(二)故障发生的征象

拖拉机在使用过程中出现的各种故障，会表现出各种征象，以利于人们及早发现。有时一个故障仅有一种征象，如发动机漏水；有时一个故障会出现几个征象，或者一个征象可能由几个不同的故障引起的，如柴油机冒黑烟，可能是空气滤清器堵塞、或气门间隙过大、或供油量过大、或供油时间过迟、或负荷过重等原因引起的。因此，要正确地找出故障的部位和产生故障的原因，必须抓住故障表现出来的具有可听、可见、可嗅、可触摸和可测量的性质的征象作进一步分析，这些征象的表现大致分为以下几种：

(1)作用反常。拖拉机各个系统担负着不同的作用，当各系统工作正常时，整机才能正常工作。当某系统的工作能力下降或功能丧失，导致整机不能正常工作时，即说明该系统功能出现问题，如转向困难、离合器分离不清、发动机功率不足及转速不稳、机油压力过低、制动失灵等。

(2)温度反常。拖拉机正常工作时，水温、油温以及排气温度均应保持在规定的范围内，若温度过高，发动机机体、轴承、制动器、发电机等将发生过热现象。

(3)声音反常。拖拉机正常工作时，不应出现反常的敲击声、放炮声、振动声以及不该发声部位发出声音等。

(4)消耗反常。柴油、机油以及冷却液等消耗过量。还有一种情况，有的物质应在消耗中减少的，不但不减少反而增加，如油底壳内机油油面升高等。

(5)气味反常。如排气时带有燃烧不完全的油味，橡胶、绝缘材料的焦煳味，柴油、机油蒸发的油味等。

(6)外观反常。如漏油、漏水、漏电、漏气以及排气冒黑烟、白烟、蓝烟等，还有拖拉机摆动、颤动、连接松动、错位、变形、破损等。

二、发动机常见故障及排除方法

发动机常见故障约占拖拉机全车故障的一半以上，故障特征形形色色，按其性质可分为电路故障、油路故障和机械故障三大类。

(一)发动机启动困难或不能启动

发动机启动困难或不能启动故障分析与排除方法，见表1-1。

表 1-1 发动机启动困难或不能启动

故障现象	故障分析	排除方法
发动机启动困难或不能启动	1. 燃油供给系统出现故障	1. 燃油供给系统出现故障
	(1)油箱内无油或油箱开关未打开	(1)向油箱内加入足量的柴油，打开油箱开关
	(2)油路中有空气	(2)排除管路中空气，检查各接头处是否漏油漏气，紧固渗漏部位
	(3)油管或柴油滤清器堵塞	(3)清除管路中堵塞物，清洗柴油滤清器
	(4)喷油泵柱塞副或出油阀副磨损严重或卡死	(4)检查柱塞副、出油阀副，必要时更换
	(5)柱塞弹簧折断	(5)更换柱塞弹簧
	(6)喷油器工作不正常	(6)拆解喷油器，清除积炭，清洗针阀，调整喷油压力或换新件
	(7)气温过低，柴油黏度过大	(7)预热柴油机，检查柴油是否符合该季节使用，不符合应更换
	2. 压缩不良	2. 压缩不良
	(1)气门间隙不正确	(1)调整气门间隙至规定值
	(2)气门弹簧折断而引起漏气	(2)更换气门弹簧
	(3)气门座圈烧蚀、偏磨或有积炭而引发漏气	(3)清除积炭，研磨气门或更换新件
	(4)气缸套、活塞、活塞环磨损过大或活塞环口对准在一条线上	(4)更换缸套、活塞、活塞环或调换活塞环口位置
	(5)活塞环胶结	(5)清除活塞环积炭，进行重新安装
	(6)气缸垫漏气或缸盖螺母松动	(6)更换气缸垫，均匀拧紧缸盖螺母(对角交叉)
	(7)减压间隙不正确	(7)调整减压间隙至规定值，检查并修复
	3. 供油提前角不正确	3. 增减泵体下调整垫片厚度(单体)或用转动泵体的方法予以调整
	4. 电器设备故障主要是电路连接、启动机故障，蓄电池电力不足等	4. 用万用电表逐段检查排除，必要时更新

(二)发动机功率不足

发动机功率不足的故障分析与排除方法,见表1-2。

表1-2 发动机功率不足

故障现象	故障分析	排除方法
发动机功率不足	1. 空气滤清器堵塞,进气量不足	1. 清洗空气滤清器
	2. 排气管消声器堵塞	2. 排除排气管消声器积炭
	3. 柴油滤清器堵塞	3. 清洗柴油滤清器,必要时更换滤芯
	4. 喷油器雾化不良	4. 清除喷油器积炭,清洗、调整或更换喷油器偶件
	5. 供油时间不正确	5. 调整供油提前角
	6. 气缸密封不严,压缩力不够	6. 研磨或更换气门磨损零件,调整气门间隙和减压间隙
	7. 柱塞副、出油阀副磨损,漏油增多,造成供油量不足,喷油不通畅	7. 检修或更换柱塞副、出油阀副偶件
	8. 操纵机构不能将喷油泵负荷操纵臂推到最大供油位置,如油门踏板销松旷、油门踏板和拉杆长度不合适等	8. 检查油门踏板销轴,调整拉杆长度

(三)发动机大量冒烟

柴油机正常无故障时,排气管排出的烟气应该是无色或淡灰色的,偶尔有瞬时冒黑烟现象(如负载较重或爬坡时),长时间冒黑烟、白烟或蓝烟,则是不正常的(见表1-3)。

表 1-3 发动机大量冒烟故障排除

故障现象	故障分析	排除方法
排气管冒白烟	1. 柴油中有水 2. 发动机过冷 3. 喷油器雾化不良 4. 气缸套或汽缸盖损坏漏水	1. 清除油箱和油路中的水分，如有必要，更换柴油 2. 运行一段时间后，机温升高，白烟自行消失 3. 清洗或更换喷油器，调整喷油压力 4. 更换气缸垫、气缸套或气缸盖
排气管冒黑烟	1. 超负荷工作 2. 供油时间太迟 3. 供油量太大 4. 喷油器雾化不良或滴油 5. 进、排气管堵塞，造成进气不足、排气不尽 6. 气门、缸套、活塞及活塞环磨损漏气	1. 减轻负荷 2. 调整供油提前角 3. 调整油泵供油量 4. 清除喷油器积炭，调整喷油压力或更换新件 5. 清洗空气滤清器，清除排气管消声器积炭 6. 研磨气门，修复或更换缸套、活塞、活塞环，并正确装配
排气管冒蓝烟	1. 油底壳油面过高 2. 油环严重积炭或卡死而失去刮油作用 3. 活塞环、气缸套磨损过大，活塞环弹性不足或环口转到同一方向，造成机油上蹿 4. 气门导管和气门杆配合间隙过大，机油被吸入缸套内 5. 空气滤清器油盘油面过高	1. 放出油底壳多余的机油 2. 更换油环 3. 更换活塞环、气缸套等，并重新调整活塞环的位置 4. 更换气门导管 5. 减少油盘机油

(四)发动机突然自行熄火

发动机突然自行熄火故障分析及故障排除方法，见表 1-4。

表 1-4 发动机突然自行熄火故障排除

故障现象	故障分析	排除方法
发动机突然自行熄火	1. 油箱内柴油用尽	1. 加足柴油
	2. 柴油滤清器或油路堵塞	2. 清洗滤清器或更换滤芯，检查油路
	3. 油路中有较多空气	3. 排除油路中的空气
	4. 喷油器针阀咬死，喷孔堵塞	4. 检查、清洗、修复或更换喷油器偶件
	5. 摇臂、摇臂座断裂或摇臂座螺母松动脱落	5. 检修或更换摇臂零件
	6. 活塞咬死。活塞与缸套间隙不对或发动机过热	6. 拆开活塞、缸套部分，进行检修
	7. 烧轴瓦。由于润滑油不足或润滑不良，导致烧轴瓦抱轴	7. 更换轴瓦，清洗润滑油路或加足润滑油

(五)发动机"飞车"

发动机"飞车"就是发动机转速突然升高，并且越来越高，失去控制，排气管大量冒黑烟，同时发动机伴有很强的噪声。遇此情况，必须采取紧急措施停车，应立即切断油路，将减压手柄扳到减压位置，或堵塞进气道(注意，减压与堵进气道不可同时进行)，迫使发动机熄火(见表 1-5)。

表 1-5 发动机"飞车"故障排除

故障现象	故障分析	排除方法
发动机"飞车"	1. 调速器失灵	1. 查明原因，予以排除
	2. 油泵安装不正确，油泵齿杆凸耳未插入调速器杆槽内	2. 应重新安装
	3. 调速杠杆折断	3. 应予更换
	4. 空气滤清器或油底壳内机油过多	4. 放出多余的机油
	5. 油泵齿杆卡死在最大供油位置	5. 修复或更换

(六)发动机转速不稳

发动机转速不稳(俗称“游车”)的故障分析与排除方法,见表1-6。

表1-6　发动机转速不稳故障排除

故障现象	故障分析	排除方法
发动机转速不稳	1. 油路中有少量空气,造成供油不均	1. 放出油路中空气
	2. 喷油器工作不正常,雾化不良、滴油或针阀阻滞活动不灵敏	2. 拆洗喷油器偶件或更换新偶件
	3. 更换出油阀副	3. 出油阀副磨损,造成供油不均
	4. 调速器各连接处磨损或内部机件配合过紧	4. 检修调速器

(七)发动机过热

发动机过热表现为:机体温度过高,冷却液消耗过快,严重时排气管冒火星、发动机无力等(见表1-7)。

表1-7　发动机过热故障排除

故障现象	故障分析	排除方法
发动机过热	1. 冷却液量不足	1. 添加冷却水
	2. 水箱及水道内水垢过多,散热不良	2. 清洗水箱及水道
	3. 供油时间过迟	3. 调整供油时间
	4. 润滑油不足或太脏	4. 添加或更换润滑油
	5. 气门间隙过小	5. 调整气门间隙
	6. 气门密封性差,漏气	6. 研磨或更换气门
	7. 柴油机超负荷工作	7. 减轻负荷

(八)发动机异响

柴油机在工作中,由于各机构、总成和系统因磨损、零件破损、固定松动等诸多原因，在工作中会产生不同寻常的声响。常见的有：连杆瓦异响、主轴瓦异响、活塞敲缸声、活塞销异响、活塞环异响、气门异响、气门弹簧异响、气门挺杆异响、凸轮轴异响、正时齿轮异响等。这需要驾驶员熟悉发动机构造和原理，在实践中积累经验，掌握判别故障的方法，及时有效地发现并排除故障(见表 1-8)。

表 1-8　发动机异响故障排除

故障部位	故障现象	故障分析	排除方法
气缸盖部位，发动机无明显振动	清脆、连续不断的嗒嗒声	气门间隙过大	按规定值重新调整
	明显的金属撞击声	1. 减压间隙过小 2. 气门碰活塞顶	1. 调整减压间隙 2. 检查校正配气相位
发动机中部，略有振动	清脆的敲击声	供油时间过早	按规定值调整
	低沉的敲击声，同时排气管冒黑烟	供油时间太迟	按规定值调整
	低速时响声不明显，随转速升高，发出均匀有力的敲击声	喷油压力过大而引发早燃现象	调整喷油压力至规定值
	上下止点附近，响声轻微而尖锐，低速时响声更清脆	连杆衬套间隙过大	更换新件
	若冷车时响声较明显，机体温度升高后响声减弱或消失	气缸间隙过大	更换新件
发动机后部，振动较大	发动机转速突然降低时，听到低沉而有力的撞击声	连杆轴瓦间隙过大	更换新件
	减压时摇转曲轴无异响，在放松减压手柄的瞬间则发出明显的撞击声	飞轮松动	检查飞轮，重新拧紧飞轮螺母
	后部发出“哗啦哗啦”的噪声	平衡轴轴承损坏	更换轴承
	齿轮室附近有明显的声响，并随转速升高而增强	齿轮齿侧间隙过大	检查、修复或更换齿轮
	飞轮旁边有“呼啦呼啦”的响声	飞轮主轴承损坏	更换飞轮主轴承

(九)机油消耗量过大

机油消耗量过大故障分析及排除方法,见表1-9。

表1-9 机油消耗量过大故障排除

故障现象	故障分析	排除方法
机油渗漏	1. 放油螺塞松动 2. 油底壳破裂 3. 曲轴油封损坏,主轴承盖、油底壳等处纸垫损坏,密封不严 4. 机油油路漏油,油管破裂,缸盖罩壳垫片、齿轮室垫片、油底壳垫片或后盖垫片损坏	1. 拧紧 2. 修复或更换油底壳 3. 更换油封及纸垫 4. 修复或更换
发动机烧机油	1. 活塞环装反,活塞环磨损,边间隙、开口间隙过大 2. 活塞环卡死在槽内 3. 活塞与缸套间隙过大 4. 气门导管严重磨损	1. 正确装配或更换活塞环 2. 清除积炭,更换活塞环 3. 更换活塞或缸套 4. 更换气门导管

(十)油底壳机油油面升高

油底壳机油油面升高故障分析及排除方法,见表1-10。

表1-10 油底壳机油油面升高故障排除

故障现象	故障分析	排除方法
漏水	1. 气缸套阻水圈损坏 2. 气缸盖或机体有裂纹 3. 气缸盖闷头松动 4. 气缸盖垫片局部烧损	1. 更换阻水圈 2. 修复或更换 3. 紧固或更换 4. 更换垫片
漏柴油 *	1. 柱塞套和泵体内腔的环形平台接触不良 2. 柴油箱开关底座处漏油,从调速杆处渗入齿轮室	1. 专用垫片或更换新件 2. 检查并排除

* 机油为灰色或乳白色,即为漏水;若把几滴变稀的机油放在水里,水面上出现绿色的油膜时,即为漏柴油。

(十一)机油压力过低

机油压力过低故障及排除方法,见表 1-11。

表 1-11　机油压力过低故障排除

故障现象	故障分析	排除方法
机油压力过低	1. 油量不足,黏度过低、变质 2. 柴油或冷却液进入油底壳 3. 机油泵工作不正常 4. 机油滤清器堵塞或渗漏 5. 限压阀调整弹簧弹力调节过低,或弹簧折断 6. 油管接头松动或油管破裂漏油,油道严重泄漏 7. 发动机曲轴轴承或连杆轴承间隙过大,或凸轮轴轴承间隙过大 8. 机油压力表失准或传感器失效	1. 补足或更换机油 2. 检查机油是否有水分,若有,进一步检查并排除,并更换新机油 3. 检修机油泵 4. 排除机油滤清器故障(清洗滤芯或更换) 5. 调整或更换弹簧 6. 紧固或更换油管等 7. 检查并修复 8. 检查并修复或更换压力表或传感器

(十二)机油压力过高

机油压力过高故障分析及排除方法,见表 1-12。

表 1-12　机油压力过高故障排除

故障现象	故障分析	排除方法
机油压力过高	1. 机油的黏度过大 2. 限压阀调整不当 3. 新装配的发动机曲轴轴承或连杆轴承间隙过小 4. 气缸体主油道堵塞 5. 机油滤清器滤芯堵塞 6. 机油压力表失准或传感器失效	1. 检查更换 2. 调整减压阀减压弹簧 3. 检查曲轴轴承和连杆轴承间隙 4. 检查缸体主油道是否堵塞 5. 检查机油滤清器滤芯是否堵塞,旁通阀弹簧是否过软 6. 用新压力表、传感器和旧件进行对比试验,检查旧件是否失效

三、底盘常见故障及排除方法

(一)离合器常见故障与排除方法

离合器常见故障与排除方法,见表1-13。

表1-13 离合器常见故障排除

故障现象	故障分析	排除方法
离合器打滑	1. 分离杠杆与分离轴承间隙过小 2. 离合器踏板自由行程过小 3. 摩擦片磨损变薄,露出铆钉 4. 离合器摩擦片黏附油污 5. 离合器压盘弹簧变形过软或折断	1. 调整间隙 2. 调整间隙 3. 更换摩擦片 4. 清除摩擦片油污 5. 更换弹簧
离合器分离不彻底	1. 踏板自由行程过大 2. 分离间隙过大 3. 从动盘翘曲,铆钉松脱或摩擦片破碎 4.3个分离杠杆内端面高度不在同一平面 5. 从动盘方向装反	1. 调整自由行程 2. 调整分离间隙 3. 校正或更换从动盘 4. 调整分离间隙 5. 重新安装从动盘
离合器发热或异响	1. 分离轴承润滑不良、损坏或不转动 2. 离合器踏板无自由行程 3. 离合器压盘弹簧弹力不足或折断 4. 从动盘摩擦片破裂、铆钉松动或外露 5. 变速器轴承损坏	1. 添加黄油或更换分离轴承 2. 调整踏板自由行程 3. 更换离合器压盘弹簧 4. 更换从动盘摩擦片 5. 更换变速器轴承

(二)变速器常见故障与排除方法

变速器常见故障与排除方法,见表1-14。

表 1-14　变速器常见故障排除

故障现象	故障分析	排除方法
跳挡	1. 钢球或拨叉轴定位槽严重磨损 2. 锁定弹簧折断或弹力不足 3. 齿轮轮齿磨损变尖 4. 拨叉端面磨损严重 5. 变速操纵杆与拨叉要求的位置不对应	1. 更换钢球,修复或更换拨叉轴 2. 更换弹簧 3. 更换齿轮 4. 更换拨叉 5. 重新正确安装调整
挂挡困难	1. 离合器分离不彻底 2. 变速杆紧固螺帽松动 3. 拨叉轴环槽磨损出现台阶,使定位钢球卡死 4. 变速杆扭弯 5. 齿轮齿端倒角面有碰毛、磨损或卷边 6. 互锁柱销脱出或损坏	1. 调整离合器 2. 紧固螺母 3. 更换新件 4. 校正变速杆 5. 更换齿轮 6. 修复或更换互锁柱销
乱挡	1. 变速杆下端球头严重磨损 2. 拨叉凹槽严重磨损 3. 互锁机构失灵 4. 规定齿轮或轴的卡簧未装或退出	1. 更换新件 2. 更换新件 3. 修复或更换新件 4. 重新正确安装
变速箱异响	1. 齿轮齿面或齿端有毛刺 2. 齿轮过度磨损,齿侧间隙大 3. 轴承松旷、损坏 4. 齿轮轮齿缺损、剥落或断裂变形 5. 润滑油不足或变质、型号不对 6. 变速器壳体内有异物	1. 修去毛刺 2. 更换齿轮 3. 更换轴承 4. 更换齿轮 5. 添加润滑油或更换润滑油 6. 拆检变速器排除异物
变速箱漏油	1. 油封损坏、失效或方向装反 2. 纸垫损坏或轴承盖螺栓松动 3. 变速箱盖油塞通气孔堵塞 4. 加油过多 5. 箱体裂纹	1. 更换或重新安装 2. 更换纸垫或紧固螺栓 3. 疏通通气孔 4. 放出多余润滑油 5. 焊补或更换箱体

(三)传动轴常见故障与排除方法

传动轴常见故障与排除方法,见表 1-15。

表 1-15　传动轴常见故障排除

故障原因	排除方法
1. 万向节十字轴、滚针轴承及凸缘叉严重磨损	1. 拆检并更换磨损部件
2. 传动轴平衡块脱落	2. 做动平衡检测并修复
3. 传动轴弯曲变形	3. 校正或更换传动轴
4. 各凸缘连接螺栓松动	4. 紧固各螺栓
5. 装配记号未对准	5. 重新正确安装

(四)转向机构常见故障与排除方法

转向机构常见故障与排除方法,见表 1-16。

表 1-16　转向机构常见故障排除

故障现象	故障分析	排除方法
转向沉重	1. 转向器及各节球销润滑不良	1. 加润滑油或加注润滑脂
	2. 转向横纵拉杆、转向节臂变形	2. 校正修复
	3. 前轮气压过低	3. 充至规定气压
	4. 转向节轴承及主销缺油	4. 加注润滑脂
	5. 各球销及前轴承缺油	5. 加注润滑脂
转向失灵	1. 转向器损坏	1. 检修或更换
	2. 横、直拉杆球头销松脱或断裂	2. 紧固或换件
	3. 各传动件磨损严重	3. 调整间隙或换件
前轮摇摆及跳动	1. 前轴变形	1. 校正或更换
	2. 前束调整不当	2. 调整前束
	3. 主销与套配合松动	3. 调整或换件
	4. 转向横直拉杆松动或连接部位磨损	4. 紧固或换件
	5. 前轮轮毂轴承损坏	5. 更换轴承

(五)行走系统常见故障与排除方法

行走系统常见故障与排除方法,见表1-17。

表1-17 行走系统常见故障排除

故障现象	故障分析	排除方法
后桥异响	1. 主减速器润滑油不足或变质 2. 螺旋行星齿轮啮合印痕不正确,啮合间隙过大或过小 3. 差速器轴承磨损或损坏 4. 差速器十字轴磨损 5. 半轴齿轮止推垫片磨损 6. 半轴齿轮花键磨损 7. 齿轮严重磨损或齿面剥落	1. 加注或更换润滑油 2. 按规定重新调整或更换齿轮 3. 更换差速器轴承 4. 更换新件 5. 更换垫片 6. 修复或更换新件 7. 更换齿轮
后桥过热	1. 主、从动齿轮啮合间隙太小 2. 润滑油不足或变质 3. 差速器轴承预紧度太大 4. 主动齿轮轴承预紧度太大	1. 重新调整啮合间隙 2. 加注或更换润滑油 3. 调整差速器轴承间隙 4. 调整轴承间隙
后桥漏油	1. 主减速器润滑油过多 2. 主减速器螺栓未拧紧 3. 通气孔堵塞 4. 密封垫或油封损坏或安装不正确	1. 放出多余润滑油 2. 紧固螺栓 3. 排除通气孔堵塞物 4. 更换或重新安装
钢板弹簧有响声或折断	1. 装载过重或偏位 2. 在不平坦道路上高速行驶 3. 钢板弹簧之间缺少石墨润滑脂 4. U形螺栓松动	1. 不超载,装载均匀 2. 车速不要过高 3. 加注石墨润滑脂 4. 紧固螺栓
车轮过度磨损	1. 前轮前束不对 2. 轮胎气压不足 3. 轮毂轴承松动 4. 装载超重或偏位 5. 紧急制动使用过多	1. 调整前轮前束 2. 充足至标准气压 3. 调整轴承间隙 4. 正确装载,不超重 5. 尽量少用紧急制动

(六)制动系统常见故障及排除方法

制动系统常见故障及排除方法，见表1-18。

表1-18　制动系统常见故障排除

故障现象	故障分析	排除方法
制动失灵	1. 制动总泵内制动液不足 2. 制动皮碗损坏或老化 3. 制动油管老化、破裂或接头处漏油 4. 制动管路中有空气 5. 制动踏板行程过大 6. 摩擦片与制动毂间隙过大或接触不良 7. 摩擦片过度磨损，有油污	1. 加足制动液 2. 更换制动皮碗 3. 更换或紧固 4. 排除管路中空气 5. 调整制动踏板行程 6. 调整间隙 7. 更换摩擦片或清除油污
制动跑偏	1. 各轮毂与蹄片间隙不一致，接触面积不均匀 2. 某一制动分泵的皮圈卡死 3. 个别摩擦片有油污、硬化或铆钉露头现象 4. 各轮胎气压不一致 5. 个别制动毂变形失圆	1. 调整间隙 2. 修复或更换 3. 清洗或更换摩擦片 4. 按规定充足气压，保持各胎相同 5. 修理或更换
制动毂发热	1. 制动毂与摩擦片间隙过小 2. 制动器回位弹簧过弱 3. 制动毂皮碗发胀卡住	1. 调整间隙 2. 更换弹簧 3. 更换皮碗
手制动失灵	1. 制动盘与摩擦片间隙过大或偏移 2. 摩擦片磨损过度 3. 制动盘有油污 4. 手制动蹄销过度磨损 5. 手制动拉杆行程过长	1. 调整间隙，校正偏移 2. 更换摩擦片 3. 清除制动盘油污 4. 更换新件 5. 调整拉杆行程

续表

故障现象	故障分析	排除方法
手制动在行车中有异响	1. 手制动盘松动 2. 变速箱凸缘花键孔松旷或凸缘螺母松动 3. 摩擦片与制动盘间隙过小、发热 4. 手制动蹄各销孔或衬套松放	1. 紧固 2. 紧固或更换 3. 重新调整 4. 更换新件

(七)液压自卸系统常见故障与排除方法

液压自卸系统常见故障与排除方法,见表1-19。

表1-19 液压自卸系统常见故障排除

故障现象	故障分析	排除方法
车厢无法举升	1. 储油箱缺油或油过黏过脏 2. 油泵进油管漏气 3. 油泵严重漏油 4. 液压油管路漏油 5. 油缸活塞卡死 6. 安全阀开启压力过小,弹簧失效或折断,使油形成回路	1. 加注或更换液压油 2. 检查并拧紧修复 3. 检查并修复 4. 检查并修复 5. 清洗油缸活塞,必要时更换 6. 更换弹簧,调整安全阀开启压力
车厢不能保持在“中立”位置	1. 油路外漏 2. 油缸内漏 3. 分配器滑阀渗漏 4. 操纵手柄不在中立位置	1. 检查并拧紧各接头 2. 拆检并修复 3. 清洗或更换滑阀 4. 正确操作

(八)电气系统常见故障与排除方法

电气系统常见故障与排除方法,见表1-20。

表 1-20 电气系统常见故障排除

故障现象	故障分析	排除方法
发电机不发电或电流过小	1. 发电机、蓄电池线路接头松动或搭铁锈蚀 2. 皮带打滑 3. 调节器失灵 4. 电枢线圈损坏	1. 检查线路，消除松动，除锈并绝缘 2. 调整皮带松紧度 3. 检查调整或更换调节器 4. 拆卸检修
发电机电流过大或发热	1. 发电机电枢与磁场接线柱间短路 2. 调节器故障	1. 检修或更换 2. 检修或更换
启动电机不转动或虽转动但功率不足	1. 保险丝熔断 2. 电线接头松动 3. 启动电机内部短路 4. 炭刷接触不良 5. 蓄电池充电不足 6. 开关接触不良 7. 电枢轴卡住 8. 电刷弹簧过紧 9. 蓄电池电流不足	1. 更换保险丝 2. 检查线路，拧紧接头 3. 拆检、排除短路 4. 清洗并用特细砂纸研磨 5. 充电或检修 6. 检修开关并清除污物 7. 拆卸检修，油嘴处加注机油 1～2 滴 8. 调整或更换弹簧 9. 充电或更换蓄电池
蓄电池电量不足	1. 电解液比重不对或液面过低 2. 极板之间短路 3. 极板硫化 4. 导线接触不良 5. 极板活性物质脱落 6. 自行放电	1. 重新调整比重或添加电解液 2. 清除沉淀物，更换电解液 3. 脱硫处理或更换极板 4. 检查并消除 5. 更换极板 6. 完全放电后倒出电解液，然后用蒸馏水清洗

模块二　联合收割机的使用与维修

收获是农业生产中关键性的作业环节，使用机械迅速、及时、高质量地进行收获作业，对保证丰产丰收具有十分重要的意义。

第一节　水稻联合收割机的使用与维护

一、水稻联合收割机的构造及工作过程

水稻联合收割机按喂入方式的不同可分为全喂入式和半喂入式两种。全喂入式联合收割机是将割下的作物全部喂入滚筒。半喂入式只是将作物的头部喂入滚筒，因而能将茎秆保持得比较完整。如图 2-1 所示为半喂入式联合收割机。

水稻联合收割机工作时，扶禾拨指将倒伏作物扶直推向割台，扶禾星轮辅助拨指拨禾，并支撑切割。作物被切断后，割台横向输送链将作物向割台左侧输送，再传给中间输送装置，中间输送夹持链通过上下链耙把垂直状态的作物禾秆逐渐改变成水平状态送入脱粒滚筒脱粒，穗头经主滚筒脱净后，长茎秆从机后排出，成堆或成条铺放在田间。谷粒穿过筛网经抖动板，由风扇产生的气流吹净，干净的谷粒落入水平推运器，再由谷粒水平推运器送给垂直谷粒推运器，经出粮口接粮装袋。断穗由主滚筒送给副滚筒进行第二次脱粒，杂余物由副滚筒的排杂口排出机外。

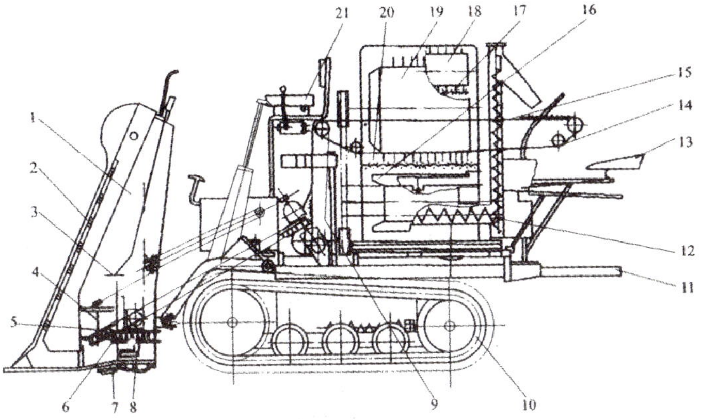

图 2-1　半喂入式联合收割机

1. 立式割台　2. 扶禾器　3. 上输送链　4. 拨禾星轮　5. 中间输送上链　6. 中间输送下链　7. 切割器　8. 下输送链　9. 二级夹持链　10. 履带　11. 卸粮台　12. 水平螺旋　13. 卸粮座位　14. 脱粒夹持链　15. 竖直螺旋　16. 风扇　17. 副滚筒筛板　18. 副滚筒　19. 主滚筒　20. 凹版　21. 驾驶台

二、水稻联合收割机的使用调整

(一)收割装置主要调整内容

1. 分禾板上下位置调整

收割装置根据作业的实际情况及时进行调整。田块湿度大，前仰或过多地拨起倒伏作物时，应将分禾板尖端向下调，直至合适为止(最低应距地面 2 厘米)。通过调整螺栓进行调整，如图 2-2所示。

2. 扶禾爪的收起位置高度调整

根据被收作物的实际情况，调节扶禾爪的收起位置。其调节方法：先解除导轨锁定杆，然后上下移动扶禾器内侧的滑动导轨位置,如图 2-3 所示。具体要求:通常情况下,导轨调至②的位置;易脱粒的品种和碎草较多时,导轨调至③的位置;长秆且倒伏的作物,导轨应调至①位置。调整时,4 条扶禾链条的扶禾爪的收起高度,都应处于相同的位置。

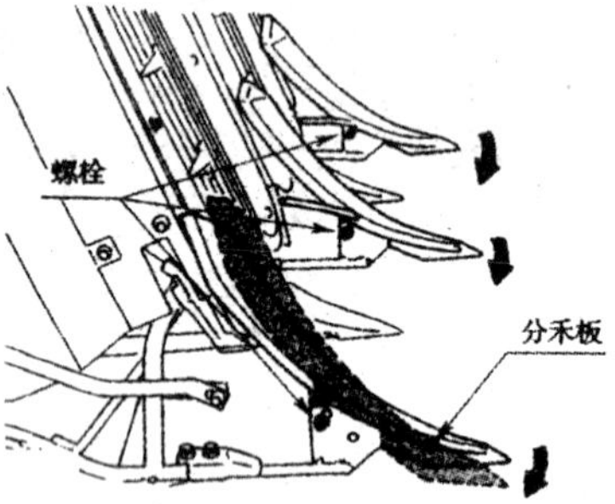

图 2-2　分禾板的上下调整

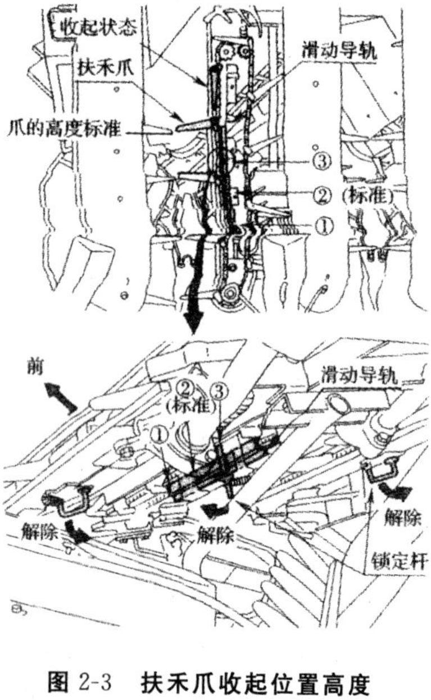

图 2-3　扶禾爪收起位置高度

3. 右穗端链条右传送爪导轨的调整

右爪导轨的位置应根据被脱作物的状态而定。作物茎秆比较零乱时，导轨置于标准位置，如图 2-4 所示；而被脱作物易脱粒而又在右穗端链条处出现损失时，应将导轨调向②位置。其调整方法是：松开固定右爪导轨螺母 A、B，通过 B 处的长槽孔将右爪导轨向②的方向移动至合适位置为止，然后拧紧螺母 A、B 固定即可。

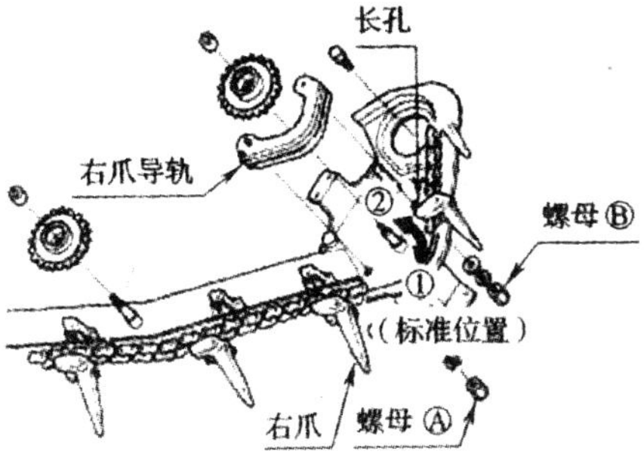

图 2-4 右传动爪导轨的调整

4. 扶禾调速手柄的调节

扶禾调速手柄通常在“标准”位置上进行作业，只有在收割倒伏 45°以上的作物时或茎秆纠缠在一起时，先将收割机副变速杆置于“低速”，再将扶禾调速手柄置于“高速”或“标准”位置。收割小麦时，不用“高速”位置。

(二)脱粒装置的主要调整

1. 脱粒室导板调节杆的调整

脱粒室导板调节杆有开、闭和标准 3 个位置(见图 2-5)。

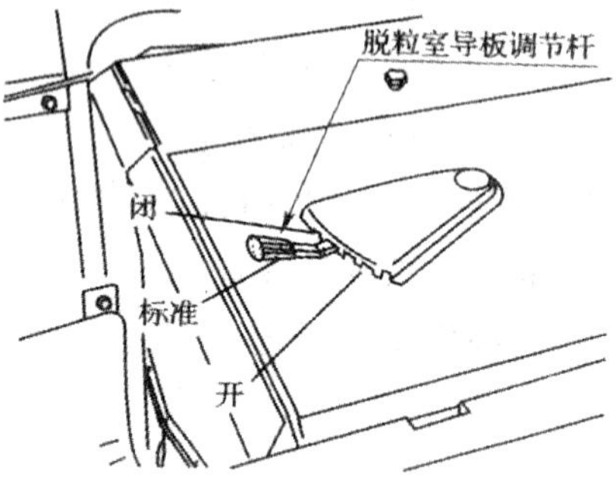

图 2-5　脱粒室导板调节杆的调整

新机出厂时，调节杆处于“标准”位置。作业中出现异常响声（咕咚、咕咚声），即超负荷时，收割倒伏、潮湿作物及稻麸或损伤颗粒较多时，应向“开”的方向调节；当作物中出现筛选不良时（带芒、枝梗颗粒较多、碎粒较多、夹带损失较多）或谷粒飞散较多时，应向“闭”的方向调节。

2. 清粮风扇风量的调整

合理调整风扇风量能提高粮食的清洁率和减少粮食损失率。风量大小的调整是通过改变风扇皮带轮直径大小进行的。其调整方法是，风扇皮带轮由两个半片和两个垫片组成，如图2-6所示。两个垫片都装在皮带轮外侧时，皮带轮转动外径最大，此时风量最小；两个垫片都装在皮带轮的两个半片中间时，风扇皮带轮转动外径最小，这时风量最大；两个垫片在皮带轮外侧装一个，在皮带轮两半片中间装另一个时，则为新机出厂时的装配状态，即标准状态（通常作业状态）。

作业过程中，如出现谷粒中草屑、杂物、碎粒过多时，风量应调强位；如出现筛面跑粮较多，风量应调至弱位，风扇风量调节如图 2-6 所示。

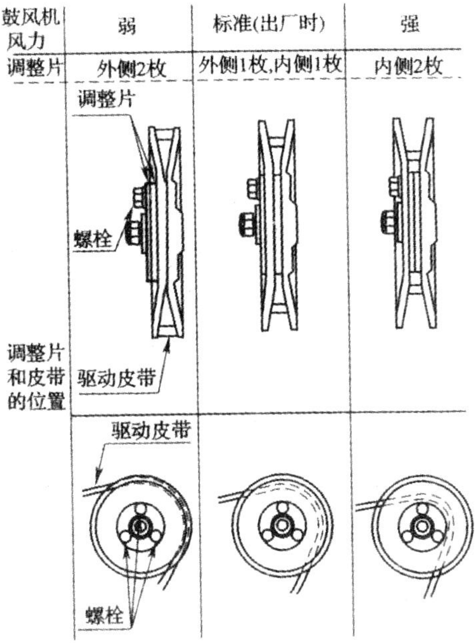

图 2-6　风扇风量调节

3. 清粮筛(振动筛)的调节

清粮筛为百叶窗式,合理调整筛子叶片开度,可以取得理想的清粮效果。

作业中,喂入量大(高速作业)、作物潮湿、筛面跑粮多、稻麸或损伤谷粒多时,筛子叶片开度应向大的方向调,直至符合要求为止。当出现筛选不良时(带芒、枝梗颗粒较多、断穗较多、碎草较多)时,筛子叶片开度应向小的方向调,直至满意为止。筛子叶片开度的调整方法如图 2-7 和图 2-8 所示,拧松调整板螺栓(两颗),调整板向左移,筛片开度(间隙)变小(闭合方向);向右移动,筛子叶片开度变大(即打开方向)。

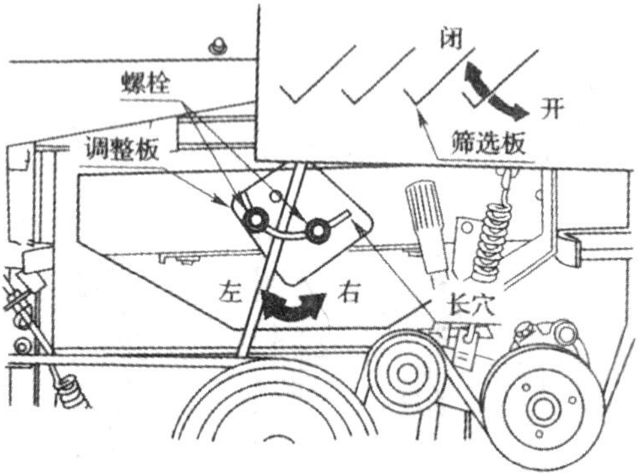

图 2-7　清粮筛片开度调节

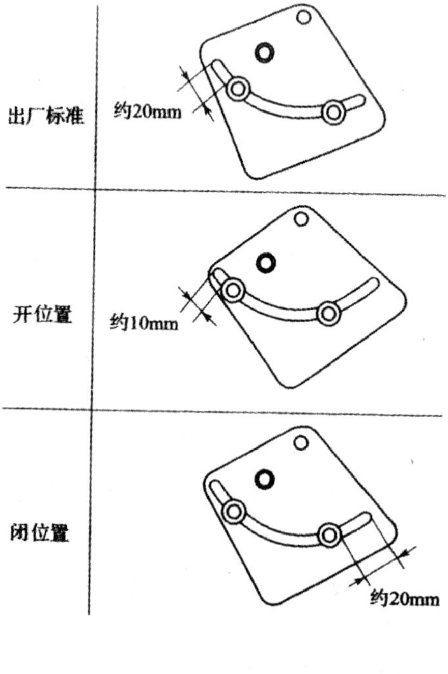

图 2-8　清粮筛片开度调节

4. 筛选箱增强板的调整

新机出厂时，增强板装在标准位置（通常收割作业位置）。作业中出现筛面跑粮较多时，增强板向前调，直至上述现象消失。

5. 弓形板的更换

根据作业需要，在弓形板的位置上可换装导板。新机出厂时，安装的是弓形板（两块）、导板（两块）为随车附件。作业中，当出现稻秆损伤较严重时，可换装导板。通常作业装弓形板。

6. 筛选板的调整

新机出厂时，筛选板装配在标准位置（中间位置），如图 2-9 所示。作业中，排尘损失较多时，应向上调，收割潮湿作物和杂草多的田块，适当向下调，直至满意为止。

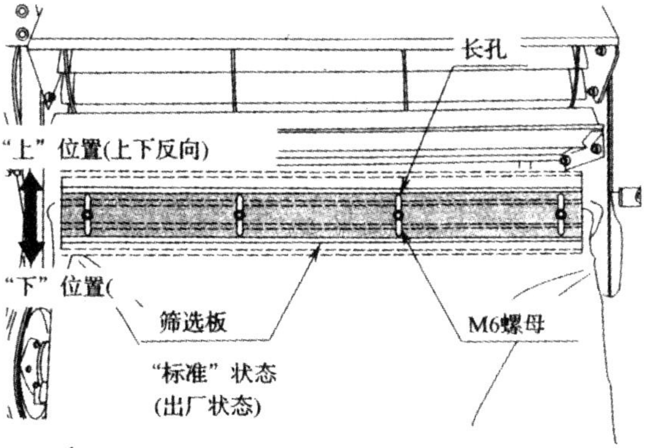

图 2-9　筛选板的位置调节

三、半喂入式水稻联合收割机的维护保养

(一)作业前后要全面保养检修

水稻收获季节时间紧迫,因此收获机械在收获季节之前一定要经过全面拆卸检查,这样才能保证作业期间保持良好的技术状态,不误农时。

1. 行走机构

按规定,支重轮轴承每工作 500 小时要加注机油,1000 小时后要更换。但在实际使用中,有些收割机工作几百小时就出现轴承损坏的情况,如果没及时发现,很快会伤及支架上的轴套,修理比较麻烦。因此在拆卸后,要认真检查支重轮、张紧轮、驱动轮及各轴承组,如有松动、异常,不管是否达到使用期限都要及时更换。橡胶履带使用更换期限按规定是 800 小时,但由于履带价格较高,一般都是坏了才更换,平时使用中应多注意防护。

2. 割脱部分

谷粒竖直输送螺旋杆使用期限为 400 小时,再筛选输送螺旋杆为 1000 小时,在拆卸检查时,如发现磨损量太大则要更换,有条件的可堆焊修复后再用。收割时如有割茬撕裂、漏割现象,除检查调整割刀间隙、更换磨损刀片外,还要注意检查割刀曲柄和曲柄滚轮,磨损量太大时会因割力行程改变而受冲击,影响切割质量,应及时更换。割脱机构有部分轴承组比较难拆装,所以在停收保养期间应注意检查,有异常情况的应予以更换,以免作业期间损坏而耽误农时。

(二)每班保养

每班保养是保持机器良好技术状态的基础,保养中除清洁、

润滑、添加和紧固外，及时的检查能发现小问题并予以纠正，可以有效地预防或减少故障的发生。

(1)检查柴油、机油和水，不足时应及时添加符合要求的油、水。

(2)检查电路，感应器部件如有被秸秆杂草缠堵的应予清除。

(3)检查行走机构，清理泥、草和秸秆，橡胶履带如有松弛应予调整。

(4)检查收割、输送、脱粒等系统的部件，检查割刀间隙、链条和传动带的张紧度、弹簧弹力等是否正常。在集中加油壶中加满机油，对不能由自动加油装置润滑的润滑点，一定要记住用人工加油润滑。

(5)清洁机器，检查机油冷却器、散热器、空气滤清器、防尘网以及传动带罩壳等处的部件，如有灰尘、杂草堵塞应予清除。

日保养前必须关停机器，将机器停放在平地上进行，以PRO488 (PRO588)久保田联合收割机为例，检查内容见表2-1和表2-2。

表 2-1 PRO488 (PRO588)久保田联合收割机日常维护保养

	检查项目	检查内容	采取措施
检查机体的周围	机体各部	1. 是否损伤或变形 2. 螺栓及螺母是否松动或脱落 3. 油或水是否泄漏 4. 是否积有草屑 5. 安全标签是否损伤或脱落	1. 修理或更换 2. 拧紧或补充 3. 固定紧软管或阀门的安装部位，或更换零部件 4. 清扫 5. 重贴新的标签

续表

	检查项目		检查内容	采取措施
检查机体的周围	蓄电池、消声器、发动机、燃油箱各配线部的周围		是否有垃圾、或者机油附着以及泥的堆积	清理
	燃料		是否备有足够作业的燃料	补充(0#)优质柴油
	割刀、各链条		—	加油
	割刀、切草器刀		刀口是否损伤	更换
	履带		是否松动或损伤	调整或更换
	进气过滤器		是否堆积了灰尘	清扫
	防尘网		是否堵塞	清扫
	收割升降油箱		油量是否在规定值间(机油测量计的上限值和下限值之间)	补充久保田纯机油 UDT 到规定量
	脱粒网		是否有极端的磨损或破损	改装或更换
发动机室	风扇驱动皮带		是否松动,是否损伤	调整,更换
	发动机机油		油量是否在规定值间(机油测量计的上限值和下限值之间)	补充到规定量(久保田纯机油 D30 或 D10W30)
	散热器	冷却水	预备水箱水量是否在规定值间(水箱的 FULL 线和 LOW 线间)	补充清水(蒸馏水)到规定值
		散热片	是否堵塞	清扫
		蓄电池	发动机是否启动	充电或更换
主开关	仪表板	机油指示灯	操作各开关,指示灯是否点亮	检查灯丝、熔断器是否熔断,再进行更换或连接、蓄电池充电或更换
		充电指示灯		

续表

	检查项目		检查内容	采取措施
启动发动机	仪表板	燃料指示灯	指示灯是否熄灭	补充(0#)优质柴油
		机油指示灯		补充机油到规定值
		充电指示灯		调整或更换
		转速灯	转速针是否正常	调整或更换
	脱粒深浅控制装置		脱粒深浅链条的动作是否正常	检查熔断丝是否熔断，接线是否断开，更换或连接
	各操作杆		各操作杆的动作是否正常	调整
	停车刹		游隙量是否适当	调整
	发动机消声器		有杂音否，排气颜色是否正常	调整或更换
	割刀、各链条		加油后是否有异常	调整或更换
	停止拉杆		发动机是否停止	调整

表 2-2　检查与加油(水)

项目	检查项目	措施	检查、更换期(时间表显示的时间)		容量规定量	种类
			检查	更换		
燃油	燃料箱	加油	作业前后	—	容量 50 升	优质柴油
水液	脱粒链条驱动箱			—		久保田纯正机油 M80B、M90 或 UDT

（续表）

项目	检查项目	措施	检查、更换期(时间表显示的时间)		容量规定量	种类
			检查	更换		
机油	发动机	补充更换	作业后	每100小时	容量7升，规定量：机油标尺的上限和下限之间	久保田纯正机油UDT
	传动箱	补充更换	—	初次50小时，第2次后每300小时	容量6.5升，规定量：油从检油口稍有溢出	
	油压油箱	补充	—	初次50小时，第2次后每400小时	容量19.3升，规定量：油从检油口稍有溢出	
	收割升降机油箱	补充更换	作业前后	初次50小时，第2次后每400小时	容量1.6升，规定量：机油标尺的上限和下限之间	
	脱粒齿轮油箱	补充更换	—	初次50小时，第2次后分解	容量19.3升，规定量：油从检油口稍有溢出	
	割刀驱动箱	补充	分解时	—	容量0.6～0.7升	久保田纯正机油
水液	割刀、扶持链、穗端、茎端、脱粒、深浅、供给、排草茎端、穗端链条及张紧支承部	加油	作业前后	—	容量0.3升适量	久保田纯正机油D30、D10W30或M90
	冷却水(备用水箱)			冬季停止使用时，排除或加入50%的不冻液	规定值：水箱侧面L(下限)和F(上限)之间	清水或久保田不冻液
	蓄电池液		收割季节		规定值：蓄电池侧面下限和上限之间	蒸馏水

（续表）

项目	检查项目		措施	检查、更换期（时间表显示的时间）		容量规定量	种类
				检查	更换		
黄油	行走部	载重滚轮轴承	补充	—	第 500 小时加油	适量	久保田黄油
	收割部	收割部支撑座、脱粒深浅、链条驱动箱		—	第 200 小时加油		
		收割齿轮箱、各齿轮箱				规定量*	
	脱粒部	各齿轮箱		收割季节前后			

注： * 各部分机油、黄油的补充和更改：

①检查时，请将机器停在平坦的地方。如果地面倾斜，测量不能正确显示；

②发动机机油的检查，必须在发动机停止 5 分钟后进行；

③使用的机油、黄油必须是指定的久保田纯正机油、黄油。

（三）定期维护

半喂入式联合收割机按工作小时数确定技术维护和易损件的更换，使技术维护向科学、合理、实际的方向发展。目前，装有计时器是联合收割机较普遍采用的一种方法。

注意事项：

（1）半喂入式联合收割机装有先进的自动控制装置，当机器在作业过程中发生温度过高、谷仓装满、输送堵塞、排草不畅、润滑异常以及控制失灵等现象时，都会通过报警器报警和指示灯闪烁向机手提出警示，这时，机手一定要对所警示的有关部位进行检查，找出原因，排除故障后再继续作业。

(2)在泥脚太深(超过15厘米)的水田里作业容易陷车，不要进田收割，可先人工收割，后机脱。

(3)切割倒伏贴地的稻禾，对扶禾机构、切割机构损害很大，不宜作业。

(4)橡胶履带在日常使用中要多注意防护，如跨越高于10厘米的田埂时应在田埂两边铺放稻草或搭桥板，在砂石路上行走时应尽量避免急转弯等。

(5)不要用副调速手柄的高速挡进行收割，否则很可能导致联合收割机发生故障。

四、常见故障及排除方法

水稻联合收割机常见故障及排除方法见表2-3。

表2-3 水稻联合收割机常见故障及排除方法

故障现象	产生原因	排除方法
割茬不齐	1. 作物的条件不适合 2. 田块的条件不适合 3. 机手的操作不合理 4. 割刀损伤或调整不当 5. 收割部机架有无撞击变形	1. 更换作物 2. 检查田块的条件 3. 正确操作 4. 更换割刀或正确调整 5. 修复收割部机架或更换

续表

故障现象	产生原因	排除方法
不能收割而把作物压倒	1. 作物不合适 2. 收割速度过快 3. 割刀不良 4. 扶起装置调整不良 5. 收割皮带张力不足 6. 单向离合器不良 7. 输送链条松动、损坏 8. 割刀驱动装置不良	1. 更换作物 2. 降低收割速度 3. 调整或更换割刀 4. 调整分禾板高度 5. 皮带调整或更换 6. 更换 7. 调整或更换输送链条 8. 换割刀驱动装置
不能输送作物、输送状态混乱	1. 作物不适合 2. 机手操作不当 3. 脱粒深浅位置不当 4. 喂入装置不良 5. 扶禾装置不良 6. 输送装置不良	1. 更换作物 2. 副变速挡位置于“标准” 3. 脱粒深浅位置用手动控制对准“▼” 4. 爪形皮带、喂入轮、轴调整或更换 5. 正确选用扶禾调速手柄挡位、调整或更换扶禾爪、扶禾链、扶禾驱动箱里轴和齿轮 6. 调整或更换链条、输送箱的轴、齿轮
收割部不运转	1. 输送装置不良 2. 收割皮带松 3. 单向离合器损坏 4. 动力输入平键、轴承、轴损坏	1. 调整或更换各链条、输送箱的轴、齿轮 2. 调整或更换收割皮带 3. 更换单向离合器 4. 调整或更换爪形皮带、喂入轮、轴
筛选不良——稻麦有断草/异物混入	1. 发动机转速过低 2. 摇动筛开量过大 3. 鼓风机风量太弱 4. 增强板调节过开	1. 增大发动机转速 2. 减小摇动筛开量 3. 增大鼓风机风量 4. 增强板调节得小些

续表

故障现象	产生原因	排除方法
稻麦谷粒破损较多	1. 摇动筛开量过小 2. 鼓风机风量太强 3. 搅龙堵塞 4. 搅龙叶片磨损	1. 增大摇动筛开量 2. 减小鼓风机风量 3. 清理 4. 更换或修复
稻谷中小枝梗，麦粒不能去掉麦芒、麦麸	1. 发动机转速过低 2. 摇动筛开量过大 3. 脱粒室排尘过大 4. 脱粒齿磨损	1. 增大发动机转速 2. 减小摇动筛开量 3. 清理排尘 4. 更换
抛撒损失大	1. 作物条件不适合 2. 机手操作不合理 3. 摇动筛开量过小 4. 鼓风机风量太强 5. 摇动筛后部筛选板过低 6. 摇动筛橡胶皮安装不对 7. 摇动筛增强板位置过闭 8. 摇动筛 1 号、2 号搅龙间的调节板位置过下	1. 更换作物 2. 正确操作 3. 增大摇动筛开量 4. 减小鼓风机风量 5. 增高摇动筛后部筛选板 6. 重新安装 7. 调整摇动筛增强板位置 8. 调整摇动筛 1 号、2 号搅龙间的调节板位置
破碎率高	1. 作物过于成熟 2. 助手未及时放粮 3. 发动机转速过高 4. 脱粒滚筒皮带过紧 5. 脱粒排尘调节过闭 6. 搅龙堵塞 7. 搅龙磨损	1. 及早收获作物 2. 及时放粮 3. 减小发动机转速 4. 调整脱粒滚筒皮带 5. 调整脱粒排尘装置 6. 清理 7. 更换或修复

续表

故障现象	产生原因	排除方法
2号搅龙堵塞	1. 作物过分潮湿 2. 机手操作不合理 3. 摇动筛开量过闭 4. 鼓风机风量过弱 5. 脱粒部各驱动皮带过松 6. 搅龙被异物堵塞 7. 搅龙磨损	1. 晾晒 2. 正确操作 3. 调整摇动筛开量 4. 增大鼓风机风量 5. 调紧脱粒部各驱动皮带 6. 清理搅龙 7. 更换或修复
脱粒不净	1. 作物条件不符 2. 机手操作不合理 3. 脱粒深浅调节不当 4. 发动机转速过低 5. 分禾器变形 6. 脱粒、滚筒皮带过松 7. 排尘手柄过开 8. 脱粒齿、脱粒滤网、切草齿磨损	1. 更换作物 2. 正确操作 3. 正确调整 4. 增大发动机转速 5. 修复或更换 6. 调紧脱粒、滚筒皮带 7. 正确调整排尘手柄 8. 更换或修复
脱粒滚筒经常堵塞	1. 作物条件不符 2. 脱粒部各驱动皮带过松 3. 导轨台与链条间隙过大 4. 排尘手柄过闭 5. 脱粒齿与滤网磨损严重 6. 切草齿磨损 7. 脱粒链条过松	1. 更换作物 2. 调紧脱粒部各驱动皮带 3. 减小导轨台与链条间隙 4. 调整排尘手柄 5. 更换 6. 更换或修复切草齿磨损 7. 调紧脱粒链条
排草链堵塞	1. 排草茎端链过松或磨损 2. 排草穗端链不转或磨损 3. 排草皮带过松 4. 排草导轨与链条间隙过大 5. 排草链构架变形	1. 调紧排草茎端链或更换 2. 正确安装或更换 3. 调紧排草皮带 4. 减小排草导轨与链条间隙 5. 修复或更换排草链构架

第二节　谷物联合收割机的使用与维护

一、谷物联合收割机的构造及工作过程

谷物联合收割机的机型很多，其结构也不尽相同，但其基本构造大同小异。现以约翰迪尔佳联自走式联合收割机为例，说明其构造和工作过程。

JL-1100 自走式联合收割机结构如图 2-10 所示。其主要由割台、脱粒（主机）、发动机、液压系统、电气系统、行走系统、传动系统和操纵系统八个部分组成。

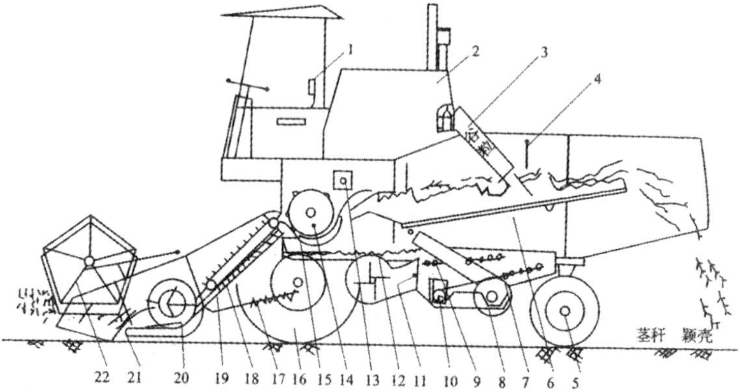

图 2-10　自走式联合收割机的结构示意图

1. 驾驶室倾斜输送器　2. 发动机　3. 卸粮管　4. 挡帘　5. 转向轮　6. 逐稿器　7. 下筛　8. 杂余推运器　9. 上筛　10. 粮食推运器　11. 风扇　12. 阶梯状输送器　13. 逐稿轮　14. 滚筒　15. 凹版　16. 驱动轮　17. 割台升降油缸　18. 斜输送器　19. 输送链耙　20. 割台螺旋推运器和伸缩扒齿　21. 切割器　22. 拨禾轮

(一)收割台

为适应系列机型和农业技术要求，割台割幅有3.66米、4.27米、4.88米、5.49米4种及大豆挠性割台。割台由台面、拨禾轮、切割器、割台推运器等组成。

(二)脱粒部分

脱粒部分由脱粒机构、分离机构及清选机构、输送机构等构成。

(三)发动机

该机采用法国纱朗公司生产的6359TZ02增压水冷直喷柴油机，功率为110千瓦(150马力)。

(四)液压系统

该机液压系统由操纵和转向两个独立系统所组成，分别对割台的升降和减震，拨禾轮的升降，行走的无级变速，卸粮筒的回转，滚筒的无级变速及转向进行操纵和控制。

(五)电气系统

电气系统分电源和用电两大部分。电源为一只12V 6-Q-126型蓄电池和一个9管硅整流发电机。用电部分包括启动马达、报警监视系统、拨禾轮调速电动机、燃油电泵、喷油泵电磁切断阀、电风扇、雨刷、照明装置等。

(六)行走系统

行走系统由驱动、转向、制动等部分组成。驱动部分使用双级增扭液压无级变速，常压单片离合器，四挡变速箱，一级直齿传动边减系统。制动器分脚制动式和手制动式，为盘式双边制动器，由单独液力系统操纵。转向系统采用液力转向方式。

(七)传动系统

动力由发动机左侧传出,经皮带或链条传动,传给割台、脱粒部分工作部件和行走部分。

(八)操纵系统

操纵系统主要设置在驾驶室内,联合收割机工作过程,如图2-11所示。

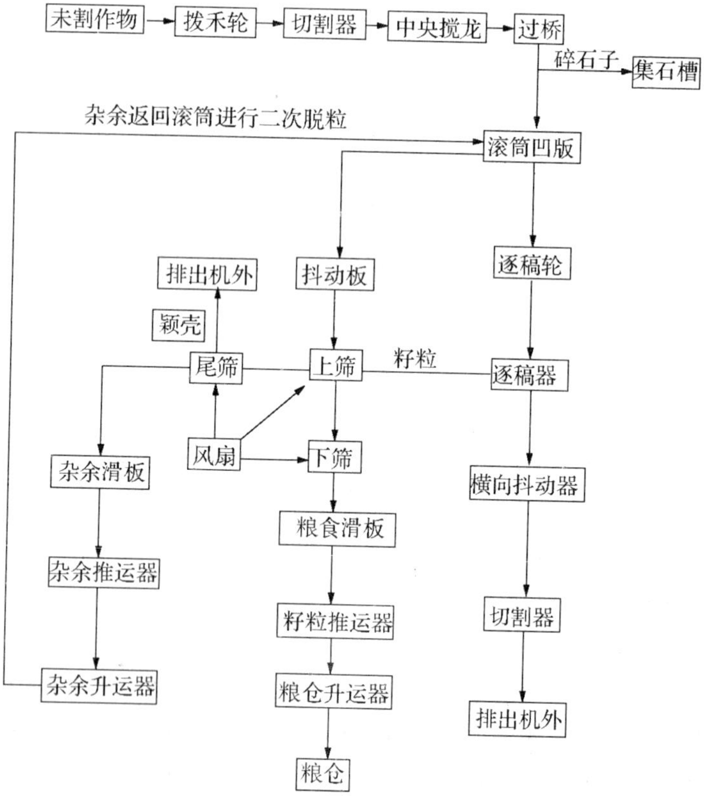

图 2-11 联合收割机谷物流程图

二、谷物联合收割机的使用调整

(一)割台的使用调整

割台的作用是完成作物的切割和输送,普通割台的割幅有两种可供选择,分别是2.75米和2.5米,大豆割台是整体挠性割台,割幅是2.75米,割台性能优良,可靠性强,优于同类机型。下面叙述的是普通型割台的使用,根据当地谷物收获的需要,自行选择割茬高度,通过升降来调整。一般割茬高度在100～200毫米,在允许的情况下,割茬应尽量高一些,有利于提高联合收获机的作用效率。

1. 拨禾轮的使用与调整

3080型联合收割机装配的是偏心弹齿式拨禾轮,这种拨禾轮性能优良,尤其是收割倒伏作物,它有多个调整项目,使用中应多加注意。

(1)拨禾轮转速的调整有两处:一是链条传动,链条挂接在不同齿数的链轮上可以获得不同的转速;二是带传动,通过3根螺栓可以调整带盘的开度,调整后应重新张紧传动带。

(2)拨禾轮转速的选择取决于主机行进速度,行进速度越快,拨禾轮转速越快。但应避免拨禾轮转速过高造成落粒损失。一般拨禾轮应稍微向后拨动一下作物,将作物平稳地铺放到割台上。

(3)拨禾轮高度应与作物的高度相适应,通过液压手柄随时调整。为了平稳地输送作物,拨禾轮齿把管应当拨在待割作物的重心处,即应拨在从割茬往上作物的大约2/3高处。保证作物平稳输送是割台使用的基本要求。

(4)当收割倒伏作物时,在割台降低的同时,应将拨禾轮调整到很低的位置，拨禾轮上的弹齿可以非常接近地面，在拨禾轮相对主机速度较高的情况下，弹齿将倒伏作物提起，然后进行切割。

(5)普通割台为了适应各种不同秸秆长度的要求，拨禾轮前后位置的调整范围较大。一般收割稻麦等短秸秆作物时，应将拨禾轮的位置调到支臂定位孔的后数第一、第二或第三个孔上，使拨禾轮与中央搅龙之间的距离变得较小，防止作物堆积，使喂入顺畅。

(6)拨禾轮齿耙管上安装有许多弹齿，通过偏心装置能够调整其方向，弹齿方向一般应与地面垂直。当收割倒伏作物或者收割稀疏矮小作物时，应调整至向后倾斜，以利于作物的输送。弹齿方向的调整方法是松开两个可调螺栓，扳动偏心盘以改变弹齿方向，然后拧紧螺母。

(7)拨禾轮支承轴承是滑动轴承，为防止缺油造成磨损，每天应向轴承注油1～2次。

2. 切割器的使用与调整

切割器是往复式的，有较强的切割能力，可保证在10千米/小时的作业速度下没有漏割现象。动刀片采用齿形自磨刃结构，刀片用铆钉铆在刀杆上，铆钉孔直径为5毫米。

在护刃器中往复运动的刀杆在前后方向上应当有一定的间隙。如果没有间隙，刀杆运动会受阻，但如果间隙过大，间隙中塞上杂物，刀杆的运动也会受阻。刀杆前后间隙应调整到约0.8毫米，调整时松开刀梁上的螺栓，向前或向后移动摩擦片即可。

动刀片与定刀片之间为切割间隙，此间隙一般为0～0.8毫米，调整时可以用手锤上下敲击护刃器，也可以在护刃器与刀梁之间加减垫片。

摇臂和球是振动量较大的零部件，每天应当对该处的3个油嘴注入润滑脂。

3. 中央搅龙的调整与使用

中央搅龙及其伸缩齿与割台体构成推运器，调整好中央搅龙的位置和输送间隙能够使作物喂入顺利。

(1)如果搅龙前方出现堆积现象，可向前和向下移动中央搅龙。调整时，松开两侧调整板螺栓，移动调整板，此时中央搅龙也随之移动。两侧间隙要调整一致，调整后要紧固好螺栓，并且要重新调整传动链条的松紧度。

(2)如果中央搅龙的运动造成谷物回带，可适当后移中央搅龙，使搅龙叶片与防缠板之间间隙变小。

(3)如果中央搅龙叶片与割台底板之间有堵塞现象，可通过搅龙调整板减小搅龙叶片下方的间隙。

(4)伸缩齿与底板之间间隙越小，抓取能力越强，间隙可调整到 5～10 毫米。调整部位是右侧的调整手柄，松开螺栓后，向上扳伸缩齿向下，向下扳伸缩齿向上，调整后紧固螺栓。

(5)为了避免因为中央搅龙堵塞造成故障，在搅龙的传动轴上装有摩擦片式安全离合器，出厂时弹簧长度调整到 37 毫米；作业中可根据具体情况适当调整。弹簧的紧度应当是正常运转时摩擦片不滑转，当中央搅龙堵塞，并且扭矩过大有可能造成损坏时，摩擦片滑转。安全离合器是干式的，不要加润滑油，否则无法使用。

4. 倾斜输送器(过桥)的使用与调整

过桥将割台和主机衔接起来，并用输送器和链耙输送谷物。带动输送链的主动辊，其位置是固定的；被动辊的位置不确定，随着谷物的多少而浮动，在弹簧的作用下，浮动辊及其链耙始终压实作物，形成平稳的谷物流。

(1)非工作时间的间隙。收割稻麦等小籽粒作物时，浮动辊正下方链耙齿与过桥底板之间距离应为3～5毫米；收割大豆等大籽粒作物时，这个间隙应为15～18毫米。调整时拧动过桥两侧弹簧上端的螺母即可。

(2)输送链预紧度的调整。打开检视口，用150牛的力向上提输送链，应能提起20～35毫米，否则应拧动过桥两侧的调整螺栓，调整浮动辊的前后位置，使输送链紧度适宜。过桥的主动轴上有防缠板，不要拆除。

(二)脱粒机构的使用与调整

谷物经过倾斜输送器输送到由滚筒和凹板组成的脱粒机构后，在滚筒和凹板冲击、揉搓下，籽粒从秸秆上脱下，滚筒转速越高，凹板与滚筒之间的间隙越小，脱粒能力越强。反之，脱粒能力越弱。

针对不同作物的收获，脱粒滚筒有1200、1000、900、833、760、706、578转/分钟7种转速可供选择。上述7种转速是通过更换主动带轮与被动带轮来实现的，各转速相应的主、被动带轮外径分别为385、275，355、305，330、305，330、330，305、330，305、355，275、380毫米。收获小麦时，用1000转/分钟或1200转/分钟；收获水稻时，用1000、900、833、760转/分钟或706转/分钟。收获水稻时用的是钉齿滚筒和钉齿凹板。为了发挥3080型收割机的最佳性能，收割大豆时需要更换传动件以改变滚筒转速。右侧三联带传动的两个三槽带盘，主动盘换成直径202毫米，被动盘换成直径332毫米，使分离滚筒转速变为600转/分钟，传动带由S24314型换成D19002型。第一滚筒传动带盘，主动盘换成直径305毫米，被动盘换成直径355毫米，使脱粒滚筒转速变为706转/分钟。第二滚筒左侧链传动的被动链轮由25齿换成18齿。过桥主动轴右侧带盘换成直径218毫米，传动带由S60018型换成D19003型。

使用中，发动机必须用大油门工作。如转速不足应检查发动机的空气滤清器和柴油滤清器是否堵塞，传动带是否过松。此外，收割机不要超负荷作业，否则将堵塞滚筒，清理堵塞很费时间。一旦滚筒堵塞，不要强行运转，否则会损坏滚筒的传动带，此时应将凹板间隙放大，从滚筒的前侧进行清理。

使用脱粒滚筒应遵循以下原则：

(1)收割前期或谷物潮湿时，凹板间隙调整手柄应扳到相对靠上的位置，此时凹板间隙较小；收割的作物逐渐干燥时，手柄应扳到靠下的位置，使凹板间隙大些。

(2)只要能够脱净，凹板间隙越大越好。是否脱净，要看第二滚筒的出草口是否夹带籽粒，如出草口带籽粮，证明籽粒已经脱净。用凹板调整手柄调整凹板间隙是较常用方法，也可以通过凹板吊杆调整凹板间隙，调整时，要两侧同时进行，以便保持间隙一致。

(三)分离机构的使用与调整

谷物经过脱粒滚筒时，有75%～85%的籽粒被脱下，并且有少部分籽粒从凹板的栅格中分离出来。从滚筒凹板的出口处抛出的物料进入第二滚筒，即轴流滚筒，轴流滚筒具有复脱作用，同时完成籽粒的分离工作。在滚筒高速旋转的冲击和凹板配合的揉搓下，剩余籽粒被逐渐脱下，在离心力的作用下，籽粒和部分细小的物料在凹板中被分离出来。构成轴流滚筒壳体的下半部分是栅格式凹板，上半部分是带有螺旋导向叶片的无孔滚筒壳体，稻草等物料在高速旋转的同时，在导向叶片的作用下，沿着轴向被推出滚筒的排草门。

在保证脱粒和分离性能的情况下，应使稻秆尽可能完整，从而使下一级的清选系统中的物料尽可能少一些，以减少清选系统的负荷。实现这一点的重要方法是尽可能使第一滚筒的脱粒能力弱一些。

分离滚筒与凹板间的间隙，在收割水稻时，应从一般的40毫米调整为15毫米，调整后紧固螺母，并用手转动检查有无刮碰。

（四）清选系统的使用与调整

清选系统包括阶梯板、上筛、下筛、尾筛、风扇和筛箱等。阶梯板、上筛和尾筛装在上筛箱中，下筛装在下筛箱中，采用上、下筛交互运动方式，有效地消除了运动的冲击，平衡了惯性力，清选面积大，而且具有多种调整机构，通过调整能达到最佳清选效果。

1. 筛片开度的选择

鱼鳞筛筛片开度可以调整，调整部位是筛子下方的调整杆。所谓开度，是指每两片筛片之间的垂直距离。不同的作物应选择不同的开度。潮湿度大的选择较大的开度，潮湿度小的应选择较小的开度。一般上筛开度大些，下筛开度小些，尾筛的开度比上筛再稍微大一些，见表2-4。

表2-4 筛片开度的参考值

（单位：毫米）

类别	小麦	水稻	大豆	油菜
上筛	12～15	15～18	11～18	7～10
下筛	7～10	10～12	8～11	4～6
尾筛	14～16	15～18	11～18	10～14

2. 风量大小的选择

在各种物料中，颖壳密度最小，秸秆其次，籽粒最大。风扇的风量应当使密度较小的秸秆和颖壳几乎全部悬浮起来，与筛面接触的仅仅是籽粒和很少量的短秸秆，这时筛子负荷很小，粮食清洁。因此，选择风量时，只要籽粒不吹走，风量越大越好。

松开风扇轴端的螺母，卸下传动带带盘的动盘，在动定盘之间增加垫片，装上动盘，然后紧固螺母，用张紧轮重新张紧传动带，这样调整后，风扇转速提高，风量增大；用相反的方法调整，风量减小。

3. 风向的选择

为了使整个筛面上都有一个适宜的风量，在风扇的出风口安装了导风板，使较大的下侧风量向上分流，将风量合理地导向筛子的各个位置。

在风箱侧面设有导风板调整手柄，收获稻麦等小籽粒作物时，导风板手柄置于从上数第一、第二凸台之间，风向处于筛子的中前部；收获大籽粒作物时，导风板手柄置于第二、第三凸台之间或第三、第四凸台之间，风向处于筛子的中后部位。

4. 杂余延长板的调整

筛子下方有籽粒滑板和杂余滑板，在杂余滑板的后侧有一杂余延长板，它的作用是对尾筛后侧的籽粒或杂余进行回收，降低清选损失。杂余延长板的安装位置有 3 个，松开两个螺栓，该板可以向上或向下窜动，位置合适后将两侧的销子插入某一个孔中。

在清选系统正确调整的情况下，应将销子插在后下孔中，这样安装的好处是使延长板与尾筛之间的距离相对大一些，在上筛和下筛之间的短秸秆能够顺利地从该处被风吹出来，避免了短秸秆被延长板挡在杂余滑板和杂余搅龙内，减少了杂余总量。

5. 杂余总量的限制

所谓杂余，是指脱粒机构没有脱下籽粒的小穗头，联合收割机设置了杂余回收和复脱装置。3080 型联合收割机这种杂余应当很少，如果杂余系统的杂余总量过多，则是非杂余成分如短秸秆和籽粒等进入了该系统，正确调整筛子开度、风量、风向以及杂余延长板，杂余量就会减少。杂余量过多会影响收割机的工作效果，而且加大杂余回收和复脱装置及其传动系统的负荷，可能会造成某些零部件的损坏，因此，保持杂余量较小是很重要的。

清选系统只有对各项进行综合调整，才能达到最佳状态。

（五）粮箱和升运器的使用与调整

（1）升运器输送链松紧度调整时，打开升运器下方活门，用手左右扳动链条，链条在链轮上能够左右移动，其松紧度适宜。否则，可以通过升运器上轴的上下移动来调整：松开升运器壳体上的螺栓（一边一个），用扳手转动调整螺母，使升运器上轴向上或向下移动，直到调好后再重新紧固螺母。输送链过松会使刮板过早磨损；过紧，会使下搅龙轴损坏。

（2）升运器的传动带松紧度要适宜，过松要丢转，过紧也会损坏搅龙轴。

（3）粮箱容积为 1.9 立方米，粮满时应及时卸粮，否则可能损坏升运器等零部件。

（4）粮箱的底部有一粮食推运搅龙，流入搅龙内的粮食流动速度由卸粮速度调整板调定。调整板与底板之间间隙的选择要视粮食的干湿程度和粮食的含杂率而定。湿度大的粮食开度应小些，反之应大些；开度不要过大，以防卸粮过快，造成卸粮搅龙损坏。

带有卸粮搅龙的联合收割机在卸粮时，发动机应当使用大油门，并且要一次把粮卸完，卸粮之前要把卸粮筒转到卸粮位置，如果没转到卸粮位置就卸粮容易损坏万向节等零部件。

不带卸粮筒的收割机在卸粮时，要先让粮食自流，当自流小时，再接合卸粮离合器。应当指出，必须这样做，否则将损坏推运搅龙等零部件。

（六）行走系统的使用与调整

行走系统包括发动机的动力输出端、行走无级变速器、增扭器、离合器、变速箱、末级传动和转向制动等部分。

1. 动力输出端

动力输出端通过一条双联传动带将动力传递给行走无级变速器，通过三联传动带将动力传递给脱谷部分等。动力输出半轴通过两个注油轴承支承在壳体上，注油轴承应定期注油。使用期间应注意检查壳体的温度，如果温度过高，应取下轴承检查或更换。

2. 行走中间盘

行走中间盘里侧是一双槽带轮，通过一条双联传动带与动力输出端带轮相连接。外侧是行走无级变速盘，在某一挡位下增大或减小行走速度就是通过它来实现的。它包括动盘、定盘、螺柱及油缸等部件。

当要提高行走速度时，操纵驾驶室上的无级变速液压手柄，压力油进入油缸，推动油缸体，动盘向外运动，使动、定盘的开度变小，工作半径变大，行走速度提高。

拆变速带的方法：将无级变速器变到最大位置状态，将液压油管拆下，推开无级变速器的动盘，拆下变速带。

拆变速器总成的方法：拆下油缸，取出支板，拆下传动带，拧出螺栓，拆下变速器总成。

由于使用期间经常用无级变速，所以动、定盘轮毂之间需要润滑，它的润滑点在动盘上，要定期注油，否则会造成两轮毂过度磨损、无级变速失灵等故障。

3. 增扭器

自动增扭器既能实现无级变速，又能随着行走阻力的变化自动张紧和放松传动带，从而提高行走性能，延长机器零部件的使用寿命。

当增速时，行走带克服弹簧弹力，动盘向外运动，工作半径变小，实现大盘带小盘，行走速度增加。

当减速时，中间盘油缸内的油无压力，增扭弹簧推动动盘向定盘靠拢，行走带推动中间盘的动盘、螺柱、油缸体向里运动，实现小盘带大盘，转速下降。

由于增扭器的动、定盘轮毂和推力轴承运动频繁，应定期注油，增扭器侧面有润滑油嘴。

4. 离合器

离合器包括单片、常压式、三压爪离合器，它与增扭器安装在一起。

拆卸时，应先拆下前轮轮胎和两边减速器的两个螺栓，拧下增扭器端盖螺栓，取下端盖，松开变速箱主动轴端头的舌型锁片，卸下紧固螺母，然后取下离合器与增扭器总成。

如果需要分解，在分解离合器和增扭器之前，要在所有部件上打上对应的标记，以防组装时错位，因为它们整体作了动平衡校正，破坏了动平衡会损坏主动轴或变速带。

离合器拆装完以后应调整离合器间隙，调整时要注意：保证

3 个分离压爪到离合器壳体加工表面的垂直距离为(27 ±0.5)毫米，如距离不对或 3 个间隙不准、不一致，可通过分离杠杆上的调整螺钉进行调整。

分离轴承是装在分离轴承架上的，轴承架与导套间经常有相对运动，所以应保证它的润滑。离合器上方的油杯是为该处润滑的，在工作期间每天应向里拧一圈。注意：这个油杯里装的是润滑脂，油杯盖拧到底后，应卸下，再向油杯里注满润滑脂。

离合器的使用要求是接合平稳、分离彻底。不要把离合器当作减速器使用，经常半踏离合器会导致离合器过热，造成损坏。有时离合器分离不彻底，可将离合器拉杆调短几毫米；也有可能是离合器连杆的连接锥销松动或失灵而造成的，应经常检查。

5. 变速箱

变速箱内有两根轴。它有 3 个前进挡，1 个倒挡。Ⅰ挡速度为 1.49～3.56 千米/小时；Ⅱ挡速度为 3.442～7.469 千米/小时；Ⅲ挡速度为 9.308～20.324 千米/小时；倒挡速度为 2.86～7.92 千米/小时。

如果掉挡，应调整变速软轴。调整时，应先将变速杆置于空挡位置，然后再松开两根软轴的固定螺母，调整软轴长度，使变速手柄处于中间位置，紧固两根变速软轴，在驾驶室中检查各个挡位的情况。

对于新的收割机来说，变速箱工作 100 小时后应将齿轮油换掉，以后每过 500 小时更换一次。变速箱的加油口也是检查口，平地停车加油时应加到该口处流油为止。变速箱应加 80W/90 或 85W/90 齿轮油。末级传动的用油状况与变速箱相同。

6. 制动机构

制动机构上有坡地停车装置。如果收割机在坡地处停车，应踩下制动踏板，将锁片锁在驾驶台台面上，确认制动可靠后方可抬脚，正常行驶前应将锁片松开恢复到原来的状态。

制动器为蹄式，装在从动轴上。制动毂与从动轴通过花键连接在一起，制动蹄则通过螺栓装在变速箱壳体上。当踏下踏板时，制动臂推动制动蹄向外张开，并与制动毂靠紧，从而使从动轴停止转动，实现制动。制动间隙是制动蹄与制动毂之间的自由间隙，反映到脚踏板上，其自由行程应为 20～30 毫米，调整部位是制动器下方的螺栓。使用期间应经常检查制动连杆部位有无松动现象，如有问题应及时解决，以保证行车安全。

7. 转轮桥

正确调整转向轮前束可以防止轮胎过早磨损。调整时后边缘测量尺寸应比前边缘测量尺寸大 6～8 毫米，拧松两侧的紧固螺栓，转动转向拉杆即可调整转向前束。

8. 轮胎气压

驱动轮胎压为 280 kPa，转向轮胎压为 240 kPa。

三、谷物联合收割机使用注意事项

（一）动力机构的使用注意事项

发动机是收割机的关键部件，要保证发动机各个零部件的状态良好，并严格按照发动机使用说明书的要求使用。

1. 润滑系统的使用注意事项

（1）机油油位的检查。取出油尺，油位应在上下刻线之间。如果低于下刻线，会影响整台发动机的润滑，应当补充机油（上边有机油加油口）。如果油位高于上刻线，应当将油放出（下边有放油口），机油过多将会出现烧机油等故障。

（2）机油标号的选择。3080 型收割机所配发动机要求使用机油的等级是 CC 级（这里的 CC 级和下面的 CD 级均是指品质等级，我国和美国所用的品质等级代号相同）柴油机油，其中玉柴发动机推荐使用 CD 级机油，夏季使用 SAE40（编者注：这里的 SAE40 和下面的 SAE15W/40 等是指黏度等级，一般表示时不用前缀“SAE”。例如，品质等级为 CD 级、黏度等级为 40 号的机油，直接写作 CD40 机油即可），冬季使用 SAE30 或 SAE20，也可使用 SAE15W/40，这种机油属于复合型机油，冬夏都可使用，机器出厂时加的就是 15W/40 机油。

2. 燃油系统的使用注意事项

（1）柴油油号的选择。发动机要求使用 0 号以上的轻柴油，油号是 0 号、−10 号、−20 号、−35 号，油号也表示这种柴油的凝点，所选用的牌号要根据当地气温而定，保证所选用柴油的凝点比最低环境温度要低 5℃以上。

（2）3080 型收割机油箱容量是 110 升，所加的柴油可达到滤网的下边缘，油箱不要用空。其下部是排污口。每天作业以后将沉淀 24 小时以上的柴油加入油箱，并在每天工作前，打开排污口，将沉淀下来的水和杂质放出。

（3）柴油滤清器的保养。工作期间应根据柴油的清洁度定期清理柴油滤清器，不要在柴油机功率不足、冒黑烟的情况下才进行清理。清理柴油机滤清器时，应卸下滤芯，用柴油清洗干净。

3. 冷却系统的使用注意事项

冷却系统是保证发动机有正常工作温度的工作系统之一，

它包括防尘罩、水箱、风扇和水泵等。

(1)冷却水位的检查。打开水箱盖,检查水位是否达到散热片上边缘处,如不足应补充,否则将引起发动机高温。

(2)冷却水的添加。停车加满水后,启动发动机,暖车后水箱的液面会下降,必须进行二次加水,否则将引起发动机高温。

(3)发动机有3个放水阀,分别在机体上、水箱下、机油散热器下,结冻前必须打开3个放水阀把所加的普通水放掉。

4. 进气系统的使用注意事项

进气系统是向发动机提供充足、干净空气的系统,为了达到这个目的,进气系统安装了粗滤器。粗滤器可以滤除空气中的大粒灰尘,保养时应经常清理皮囊内的灰尘。如发现发动机排气系统冒黑烟,并且功率不足,应清理空气细滤器,拧下端盖旋钮,取下端盖,然后取出滤芯清理。一般情况下,用简单保养方法即可:放在轮胎上,轻轻地拍击以除去灰尘。一般每天要进行两次保养。

(二)液压系统的使用注意事项

3080型联合收割机的液压系统操纵的是割台升降、拨禾轮升降、行走无级变速和行走转向四个部分,是将发动机输出的机械能通过液压泵转换成液压能,通过控制阀,液压油再去推动油缸,从而重新转变成机械能去操纵相关部分。系统压力的大小取决于工作部件的负荷,即压力随着负载大小而变化。

(1)液压系统要求使用规定的液压油,品种和牌号是N46低凝稠化液压油,不可使用低品质液压油或其他油料,否则系统就会产生故障。

(2)液压油在循环中将源源不断地产生热量,油箱也是散热器,必须保证油箱表面的清洁,以免影响散热。油箱容积是

15 升。

(3)在各工作油缸全部缩回时，将油加到加油口滤网底面上方 10～40 毫米。要求 500 小时或收获季节结束时换液压油，同时更换滤清器。

(4)更换滤清器时可以手用力拧，也可用加力杠杆拧下。滤清器与其座之间的密封件要完好，安装前在密封件上应涂润滑油。拧紧时要在密封件刚刚压紧后再紧 3/4～4/5 圈，不要过紧，运转时如果漏油，可再紧一下。

(5)液压手柄在使用操作后应当能够自动回中，否则会使液压系统长时间高压回油，产生高温，造成零部件损坏。液压系统正常的使用温度不应超过 60℃。

全液压转向机工作省力，正常使用动力转向只需 5 牛・米的扭矩，如果出现转向沉重现象应及时排除故障。

转向沉重的可能原因如下：液压油油量偏少；液压油牌号不正确或变质；液压泵内泄较严重；转向盘舵柱轴承生锈；转向机人力转向的补油阀封闭不严；转向机的安全阀有脏物卡住或压力偏低。

转向失灵的可能原因如下：弹簧片折断；拔销折断；联动轴开口处折断或变形；转子与联动轴的相互位置装错；双向缓冲阀失灵；转向油缸失灵。

另外，要注意转向机进油管和回油管的位置不可相互接反，否则将损坏转向机。

新装转向机的管路内常存有空气，在启动之前要反复向两个方向快速转动转向盘以排气。

(三)电气系统使用注意事项

3080 型联合收割机的电气系统采用负极搭铁，直流供电方式，电压是 12 伏。

电气系统包括电源部分、启动部分、仪表部分和信号照明部分等，合理、安全使用电气部分有重要意义。

(1)启动用蓄电池型号是 6-Q-165。要经常检查电解液液面高度，电解液液面高度应高于极板 10～15 毫米，如果因为泄漏而液面降低，应添加电解液，电解液的密度一般是 1.285 克/立方厘米；如果因为蒸发而液面降低，应添加蒸馏水。禁止添加浓硫酸或者质量不合格的电解液以及普通水。

(2)在非收获季节，要将蓄电池拆下，放在通风干燥处，每月充电一次。6-Q-165 型蓄电池用不大于 16.5 安的电流充电。

(3)启动发动机以后，启动开关应能自动回位，如果不能自动回位，需要修理或更换，否则将烧毁启动电机。

(4)启动电机每次启动时间不允许超过 10 秒，每次启动后需停 2 分钟再进行第二次启动，连续启动不可超过 4 次。

(5)发电机是硅整流三相交流发电机，与外调节器配套使用。禁止用对地打火的方法检查发电机是否发电，要注意清理发电机上的灰尘和油垢。

(6)保险丝有总保险和分保险两种。总保险在发动机上，容量为 30 安；分保险在驾驶座下。禁止使用导线或超过容量的保险丝代替，以保证安全。

(7)使用前和使用中，注意检查各导线与电器的连接是否松动，是否保持良好接触。此外，应杜绝正极导线裸露搭铁，以保安全。

四、常见故障及排除方法

(一)收割台部分故障及排除方法

收割台部分故障及排除方法见表 2-5。

表 2-5　收割台部分故障及排除方法

常见故障	故障原因	排除方法
割刀堵塞	1. 遇到石块、木棍、钢丝等障碍物 2. 动、定刀片间隙过大，塞草 3. 刀片或护刃器损坏 4. 作物茎秆太低、杂草过多 5. 动、定刀片位置不“对中”	1. 立即停车，清理故障物 2. 正确调整刀片间隙 3. 更换损坏刀片或护刃器 4. 适当提高割茬 5. 重新“对中”调整
切割器刀片及护刃器损坏	1. 硬物进入切割器 2. 护刃器变形 3. 定刀片高低不一致 4. 定刀片铆钉松动	1. 清除硬物、更换损坏刀片 2. 校正或更换护刃器 3. 重新调整定刀片，使高低一致 4. 重新铆接定刀片
割刀木连杆折断	1. 割刀阻力太大（如塞草、护刃器不平、刀片断裂、变形、压刃器无间隙） 2. 割刀驱动机构轴承间隙太大 3. 木连杆固定螺钉松动 4. 木材质地不好	1. 排除引起阻力太大的故障 2. 更换磨损超限的轴承 3. 检查、紧固螺钉 4. 选用质地坚实硬木作木连杆
刀杆（刀头）折断	1. 割刀阻力太大 2. 割刀驱动机构安装调整不正确或松动	1. 排除引起阻力太大的故障 2. 正确安装调整驱动装置
收割台前堆积作物	1. 割台搅龙与割台底间隙太大 2. 茎秆短、拨禾轮太高或太偏前 3. 拨禾轮转速太低、机器前进速度太快 4. 作物短而稀	1. 按要求视作物长势，合理调整间隙 2. 尽可能降低割茬，适当调整拨禾轮高、低、前、后位置 3. 合理调整拨禾轮转速和收割机的前进速度 4. 适当提高机器前进速度

续表

常见故障	故障原因	排除方法
作物在割台搅龙上架空喂入不畅	1. 机器前进速度偏快 2. 拨指伸出位置不正确 3. 拨禾轮离喂入搅龙太远	1. 降低机器前进速度 2. 应使拨指在前下方时伸入最长 3. 适当后移拨禾轮
拨禾轮打落籽粒太多	1. 拨禾轮转速太高 2. 拨禾轮位置偏前，打击次数多 3. 拨禾轮高，打击穗头	1. 降低拨禾轮转速 2. 后移拨禾轮 3. 降低拨禾轮高度
拨禾轮翻草	1. 拨禾轮位置太低 2. 拨禾轮弹齿后倾角偏大 3. 拨禾轮位置偏后	1. 调高拨禾轮工作位置 2. 按要求调整拨禾轮弹齿角度 3. 拨禾轮适当前移
拨禾轮轴缠草	1. 作物长势蓬乱 2. 茎秆过高、过湿、草多 3. 拨禾轮偏低	1. 停车排除缠草 2. 停车排除缠草 3. 适当提高拨禾轮位置
被割作物向前倾倒	1. 机器前进速度偏高 2. 拨禾轮转速偏低 3. 切割器上壅土堵塞 4. 动刀片切割往复速度太低	1. 适当降低收割速度 2. 适当调高拨禾轮转速 3. 清理切割器壅土，适当提高割茬 4. 调整驱动皮带张紧度
倾斜输送器链耙拉断	1. 链耙失修、过度磨损 2. 链耙调整过紧 3. 链耙张紧调整螺母未靠在支架上，而是靠在角钢上	1. 修理或更换新耙齿 2. 按要求调整链耙张紧度 3. 注意调整螺母一定要靠在支架上，保证链耙有回缩余量

(二)脱谷部分故障及排除方法

脱谷部分故障及排除方法见表2-6。

表2-6 脱谷部分故障及排除方法

常见故障	故障原因	排除方法
滚筒堵塞	1. 喂入量偏大发动机超负荷 2. 作物潮湿 3. 滚筒凹板间隙偏小 4. 发动机工作转速偏低，严重变形	1. 停车熄火清除堵塞作物 2. 控制喂入量，避免超负荷，适时收割 3. 合理调整滚筒间隙 4. 发动机一定要保证额定转速工作
谷粒破碎太多	1. 滚筒转速过高 2. 滚筒间隙过小 3. 作物“口松”、过熟 4. 杂余搅龙籽粒偏多 5. 复脱器装配调整不当	1. 合理调整滚筒转速 2. 适当放大滚筒凹板间隙 3. 适期收割 4. 合理调整清选室风量、风向及筛片开度 5. 依实际情况调整复脱器搓板数
滚筒脱粒不净率偏高	1. 发动机转速不稳定，滚筒转速忽高忽低 2. 凹板间隙偏大 3. 超负荷作业 4. 纹杆或凹板磨损超限或严重变形 5. 作物收割期偏早 6. 收水稻仍采用收麦的工作参数	1. 保证发动机在额定转速下工作，将油门固定牢固，不准用脚油门 2. 合理调整间隙 3. 避免超负荷作业，根据实际情况控制作业速度，保证喂入量稳定、均匀 4. 更换磨损超限和变形的纹杆、凹板 5. 适期收割 6. 收水稻一定采用收水稻的工作参数

续表

常见故障	故障原因	排除方法
既脱不净又破碎较多，甚至有漏脱穗	1. 纹杆、凹板弯曲扭曲变形严重 2. 板齿滚筒转速偏高，而板齿凹板齿面未参与工作 3. 板齿滚筒转速偏低，而板齿凹板齿面参与工作 4. 活动凹板间隙偏大，滚筒转速偏高 5. 轴流滚筒转速偏高	1. 更换纹杆、凹板 2. 滚筒保持额定转速工作，将凹板齿面调至工作状态 3. 滚筒保持额定转速工作 4. 规范调整滚筒转速和凹板间隙 5. 降低轴流滚筒转速至标准值
滚筒转速不稳定或有异常声音	1. 喂入量不均匀，存在瞬时超负荷现象 2. 滚筒室有异物 3. 螺栓松动、脱落或纹杆损坏 4. 滚筒不平衡 5. 滚筒产生轴间窜动与侧臂产生摩擦 6. 轴承损坏	1. 灵活控制作业速度、避免超负荷作业，保证喂入量均匀、稳定 2. 停车、熄火排除滚筒室异物 3. 停车、熄火重新紧固螺栓，更换损坏纹杆 4. 重新平衡滚筒 5. 调整并紧固牢靠 6. 更换轴承
排出的茎秆中夹带籽粒偏多	1. 逐稿器（键式）曲轴转速偏低或偏高 2. 键面筛孔堵塞 3. 挡草帘损坏、缺损 4. 横向抖草器损坏 5. 作物潮湿、杂草多 6. 超负荷作业	1. 保证曲轴转速在规定范围内（$R=50$ 毫米时，$n=180\sim220$ 转/分钟） 2. 经常检查，清除堵塞物 3. 修复补齐挡草帘 4. 修复抖草器 5. 适期收割 6. 控制作业速度，保证喂入量均匀不超负荷作业

续表

常见故障	故障原因	排除方法
排出的杂余中籽粒含量偏高	1. 筛片开度偏小 2. 风量偏大籽粒被吹出机外 3. 喂入量偏大 4. 滚筒转速高，脱粒间隙小茎秆太碎 5. 风量、风向调整不当	1. 适当调大筛片开度 2. 合理调整风量 3. 减小喂入量 4. 控制滚筒在额定转速下工作，适当调大脱粒间隙 5. 合理调整风量风向
逐稿器木轴瓦有声响	1. 木轴瓦间隙过大 2. 木轴瓦螺栓松动	1. 调整木轴瓦间隙 2. 拧紧松动的螺栓
粮食中含杂偏高	1. 上筛前端开度大 2. 风量偏小，风向调整不当	1. 适当减小筛片开度 2. 适当调大风量和合理调整风向
杂余中粮粒太多	1. 风量偏小 2. 下筛开度偏大 3. 尾筛后部抬得过高	1. 加大风量 2. 减小下筛开度 3. 降低尾筛后端高度
粮食穗头太多	1. 上筛前端开度太大 2. 风量太小 3. 滚筒纹杆弯曲、凹板弯曲扭曲变形严重 4. 钉齿滚筒钉齿凹板装配不符合要求，偏向一侧 5. 复脱器搓板少，或磨损	1. 适当调整减小筛片开度 2. 合理调大风量 3. 更换损坏的纹杆或凹板 4. 调整装配关系，保证每个钉齿两侧间隙大小一致 5. 修复复脱器，增加搓板。更换磨损超限的搓板
升运器堵塞	1. 刮板链条过松 2. 皮带打滑 3. 作物潮湿	1. 停车熄火排除堵塞，调整链条紧度 2. 张紧皮带紧度 3. 适期收割
复脱器堵塞	1. 安全离合器弹簧预紧力小 2. 皮带打滑 3. 作物潮湿 4. 滚筒脱出物太碎、杂余太多	1. 停机熄火，清除堵塞，安全弹簧预紧力调至标准 2. 调整皮带紧度 3. 适期收割 4. 合理调整滚筒转速和脱粒间隙

(三)行走系统故障及排除方法

行走系统故障及排除方法见表 2-7。

表 2-7　行走系统故障及排除方法

常见故障	故障原因	排除方法
行走离合器打滑	1. 分离杠杆不在同一平面内 2. 分离轴承注油太多、摩擦片进油 3. 摩擦片磨损超限，弹簧压力降低，或摩擦片铆钉松动 4. 压盘变形	1. 调整分离杠杆螺母 2. 注意不要注油太多。彻底清洗摩擦片 3. 更换磨损的摩擦片 4. 更换变形压盘
行走离合器分离不清	1. 分离杠杆与分离轴承之间间隙偏大，主、被动盘分离不彻底 2. 分离杠杆和分离轴承间隙不等，主、被动盘不能彻底分离 3. 分离轴承损坏	1. 调整其间隙至标准 2. 检查调整其间隙，分离杠杆指端应在同一平面内，偏差不大于±0.5毫米，否则应更换膜片弹簧 3. 更换分离轴承
挂挡困难或掉挡	1. 离合器分离不彻底 2. 小制动器制动间隙偏大 3. 工作齿轮啮合不到位 4. 换挡轴锁定机构不能定位 5. 推拉软轴拉长	1. 及时调整离合器分离轴承间隙 2. 及时调整小制动器间隙 3. 调整软轴长度 4. 调整锁定机构弹簧预紧力 5. 调整推拉软轴调整螺母
变速箱工作有响声	1. 齿轮严重磨损 2. 轴承损坏 3. 润滑油油面不足或油号不对	1. 更换新齿轮 2. 更换新轴承 3. 检查油面和油型

续表

常见故障	故障原因	排除方法
变速范围达不到	1. 变速油缸工作行程达不到要求 2. 变速油缸工作时不能定位 3. 动盘滑动副缺油卡死 4. 行走皮带拉长打滑	1. 系统内泄，送修理厂检修 2. 系统内泄，送修理厂检修 3. 及时润滑 4. 调整无级变速轮张紧架
最终传动齿轮室有异声	1. 边减半轴窜动 2. 轴承没注油或进泥损坏 3. 轴承座螺栓和紧定套未锁紧	1. 检查边减半轴固定轴承和轮轴固定螺钉 2. 更换轴承，清洗边减齿轮 3. 拧紧螺栓和紧定套
行走无级变速器皮带过早磨损或拉断	1. 产品质量差 2. 叉架与机器侧臂不平行，叉架轴与叉架套装配间隙过大 3. 中间盘盘毂与边盘盘毂间隙过大，工作中中间盘摆动 4. 限位挡块调整不当，超过正常无级变速范围，三角带常落入中间盘与边盘的斜面内部，皮带局部受夹、打滑 5. 三角皮带太松，产生剧烈抖动打滑 6. 驱动轮（或履带）沾泥挤泥，污染三角带造成打滑 7. 行走负荷重（阴雨泥泞）	1. 选用合格产品 2. 装配时保证叉架与机器侧臂的平行和叉架轴与叉架套配合间隙正确 3. 调整正确的装配间隙 4. 正确调整挡块位置 5. 注意随时调整三角带张紧度 6. 经常清理驱动轮沾泥 7. 行走负荷重时，应停车变速，尽量避免重负荷时使用无级变速

(四)液压系统常见故障及排除方法

液压系统常见故障及排除方法见表2-8。

表2-8 液压系统常见故障及排除方法

常见故障	故障原因	排除方法
液压系统所有油缸接通分配器时,不能工作	1. 油箱油位过低 2. 油泵未压油 3. 安全阀的调整和密封不好 4. 分配器位置不对 5. 滤清器被脏物堵塞	1. 加油至标准位置 2. 检查修理油泵 3. 调整或更换 4. 检查调整 5. 清洗滤清器
割台和拨禾轮升降迟缓或根本不能升降	1. 溢流阀工作压力偏低 2. 油路中有空气 3. 滤清器被脏物堵塞 4. 齿轮泵内泄 5. 齿轮泵传动带未张紧 6. 油缸节流孔堵塞 7. 油管漏油或输油不畅	1. 按要求调整溢流阀工作压力 2. 排气 3. 清洗滤清器 4. 检查泵内卸压片密封圈和泵盖密封圈 5. 按要求张紧传动带 6. 卸开油缸接头、清除脏物 7. 更换油管
收割台或拨禾轮升降不平稳	油路中有空气	在油缸接头处排气
割台升不到所需高度	油箱内油太少	加至规定油面
割台和拨禾轮在升起位置时自动下降	1. 油缸密封圈漏油 2. 分配阀磨损漏油或轴向位置不对 3. 单向阀密封不严	1. 更换密封圈 2. 修复或更换滑阀及操纵机构 3. 研磨单向阀锥面及更换密封胶圈

续表

常见故障	故障原因	排除方法
油箱内有大量泡沫	1. 油箱进入空气或水 2. 油泵内漏吸入空气	1. 拧紧吸油管,修复油泵密封件,更换油封,有水时应更换新油 2. 检查并加以密封
液压转向跑偏	1. 转向器拔销变形或损坏 2. 转向弹簧片失效 3. 联动轴开口变形	送专业修理厂
液压转向慢转轻、快转重	油泵供油不足,油箱不满	检查油泵工作是否正常,保证油面高度
方向盘转动时,油缸时动时不动	转向系统油路中有空气	排气并检查吸油管路是否漏气
转向沉重	1. 油箱不满 2. 油液黏度太大 3. 分流阀的安全阀工作压力过低或被卡住 4. 阀体、阀套、阀芯之间有脏物卡住 5. 阀体内钢球单向阀失效	1. 加油至要求油面 2. 使用规定油液 3. 调整、清洗分流阀的安全阀 4. 清洗转向机 5. 如钢球丢失,应重补装钢球;如有脏物卡住,应清洗钢球
安全阀压力偏低或偏高	1. 安全阀开启压力调整不合适 2. 弹簧变形,压力偏小或过大	1. 在公称流量情况下,调整安全阀压力 2. 检查弹簧技术状态和安装尺寸,增加或减少调压垫片

续表

常见故障	故障原因	排除方法
稳定公称流量过大	1. 分流阀阀芯被杂质卡住 2. 分流阀阀芯弹簧压缩过大 3. 阀芯阻尼孔堵塞	1. 清洗阀芯，更换液压油 2. 检查装配情况，调整弹簧压力 3. 清洗阻尼孔道，更换清洁液压油
方向盘压力振摆明显增加，甚至不能转动	拔销或联动器开口折断或变形	更换损坏件
稳定公称流量偏低	1. 配套油泵容积效率下降，油泵在发动机低速时，供油不足，低于稳定公称流量 2. 分流阀阀芯或安全阀阀芯被杂质卡住 3. 阀芯弹簧或安全阀弹簧损坏或变形 4. 分流阀阀芯或安全阀阀芯磨损，间隙过大，内漏增大 5. 安全阀阀座密封圈损坏	1. 更换或修复油泵 2. 清洗阀芯，并更换清洁液压油 3. 更换新弹簧 4. 更换新阀芯 5. 更换新密封圈
转向失灵、方向盘不能自动回中	弹簧片折断	更换新品
方向盘回转或左右摆动	转子与联动器相互位置装错	将联动器上带冲点的齿与转子花键孔带冲点的齿相啮合
油泵工作时噪声过大	1. 油箱中油面过低 2. 吸油路不畅通 3. 吸油路密封不严吸入空气	1. 加油至要求油面高度 2. 检查疏通不畅油路 3. 检查并加以密封

续表

常见故障	故障原因	排除方法
卡套式接头漏油	被连接管未对正接头体，或螺母未按正确方法拧紧	被连接管对准接头体内正接端面。然后边拧紧螺母，边转动管子，当转子不能转动时，继续旋紧螺母 1～4/3 圈为宜。安装前卡套刃口端面与管口端面预留 6 毫米左右距离，拧接头时，不准扭转管子
无级变速器油缸进退迟缓	1. 溢流阀工作压力偏低 2. 油路中有空气 3. 滤清器堵塞 4. 齿轮泵内漏 5. 齿轮泵传动皮带松 6. 油缸节流孔堵塞	1. 按要求调溢流阀工作压力至标准 2. 排气 3. 清洗滤清器 4. 检查更换密封圈 5. 张紧传动皮带 6. 卸掉油缸接头，清除脏物
无级变速器换向阀居中，油缸自动退缩	1. 油缸密封圈失效 2. 阀体与滑阀因磨损或拉伤间隙增大，油温高，油黏度低 3. 滑阀位置没有对中 4. 单向阀（锥阀）密封带磨损或沾脏物	1. 更换密封圈 2. 送专业厂修理或更换滑阀，油面过低加油，选择适合的液压油 3. 使滑阀位置保持对中 4. 更换单向阀或清除污物
无级变速器油缸进退速度不平稳	1. 油路中有空气 2. 溢流阀工作不稳定 3. 油缸节流孔堵塞	1. 排气 2. 更换新弹簧 3. 卸开接头、清除污物
熄火转向时，方向盘转动而油缸不动（不转动）	转子和定子的径向间隙或轴向间隙过大	更换转子

（五）电气系统故障及排除方法

电气系统故障及排除方法见表2-9。

表2-9 电气系统故障及排除方法

常见故障	故障原因	排除方法
蓄电池经常供电不足	1. 发电机或调节器有故障，没有充电电流 2. 充电线路或开关触点锈蚀，接头松动，充电电阻增高 3. 蓄电池极板变形短路 4. 蓄电池内电解液太少或比重不对 5. 发电机皮带太松	1. 检修发电机、调节器 2. 清除触点锈蚀、拧紧各接线头 3. 更换干净电解液，更换变形极板 4. 添加电解液至标准，检查比重 5. 张紧皮带
蓄电池过量充电	调节器不能维持所需要的充电电压	调整或更换调节器
蓄电池充电不足（充不进电）	1. 极板硫化严重 2. 电解液不纯 3. 极板翘曲	1. 更换极板 2. 更换纯度高的电解液 3. 更换新极板
启动机不转	1. 保险丝熔断 2. 接头接触不良或断路 3. 蓄电池没电或电压太低 4. 电刷、换向器或电源开关触点接触不良 5. 起动电机内部短路或线圈烧毁	1. 更换保险丝 2. 检查清理接头、触点和线路 3. 蓄电池充电或更换新蓄电池 4. 调整电刷弹簧压力，清理各接触点 5. 更换新启动机
启动机有吸铁声，但无力启动发动机	1. 蓄电池电压过低 2. 电源开关的铁芯行程不对 3. 环境温度太低 4. 启动机内部故障	1. 充电、补充电解液，或更换新蓄电池 2. 通过偏心螺钉调整 3. 更换新启动机 4. 更换新启动机

续表

常见故障	故障原因	排除方法
发动机启动后齿轮不能退出	1. 开关钥匙没回位 2. 电源开关的触点熔在一起 3. 电源开关行程没调好	1. 启动后，开关钥匙应立即回位 2. 锉平或用砂纸打光触点 3. 调整偏心螺钉
发电机不能发电或发电不足	1. 线路接触不良或接错 2. 定子或转子线圈损坏 3. 电刷接触不良 4. 调节器损坏 5. 皮带太松	1. 对照电路图和接线图检查并保证各接点接触良好 2. 换新发电机 3. 调整或换新炭刷 4. 换新调节器 5. 张紧皮带
仪表不指示	1. 线路接触不良 2. 保险丝熔断 3. 传感器损坏	1. 检查并拧紧螺钉 2. 换新保险丝 3. 换新传感器
灯泡不亮	1. 开关损坏，线路接触不好 2. 保险丝熔断，灯泡坏	1. 换新开关，检查拧紧各接触点 2. 换相同规格保险丝，换灯泡

(六)发动机常见故障及排除方法

发动机常见故障及排除方法见表 2-10。

表 2-10 发动机常见故障及排除方法

常见故障	故障原因	排除方法
发动机工作时震动大(不平稳)	1. 机油不足 2. 燃油系统进气 3. 供油提前角不正确 4. 喷油器阀体烧毁黏着 5. 发动机内部问题	1. 添加对号机油至标准油面 2. 排气 3. 送专业厂(所)修理 4. 送专业厂(所)修理 5. 送专业厂(所)修理

续表

常见故障	故障原因	排除方法
发动机启动困难或不能启动	1. 无燃油 2. 油水分离器滤芯堵塞 3. 燃油系统内有水、污物或空气 4. 燃油滤芯堵塞 5. 燃油牌号不正确 6. 启动回路阻抗过高 7. 曲轴箱机油黏度值过高 8. 喷油嘴有污物或失效 9. 喷油泵失效 10. 发动机内部问题	1. 加油,并给供油系统排气 2. 清洗或更换新滤芯 3. 定期放油箱沉淀,加清洁燃油,排气 4. 更换滤芯、排气 5. 使用适合于使用条件的燃油 6. 清理、紧固蓄电池及起动继电器上的线路 7. 换用黏度和质量合格的机油 8. 修理或更换新油嘴 9. 送修理厂修理、校正油泵 10. 送修理厂修理
发动机运转不稳定,经常熄火	1. 冷却水温太低 2. 油水分离器滤芯堵塞 3. 燃油滤芯堵塞 4. 燃油系统内有水、污物或空气 5. 喷油嘴有污物或失效 6. 供油提前角不正确 7. 气门推杆弯曲或阀体黏着	1. 运转预热水温超过 60℃时工作 2. 更换滤芯 3. 更换滤芯并排气 4. 排气、冲洗重新加油并排气 5. 送专业厂(所)修理 6. 送专业厂(所)修理 7. 送专业厂(所)修理
发动机功率不足	1. 供油量偏低 2. 进气阻力大 3. 油水分离器滤芯堵塞 4. 发动机过热	1. 检查油路是否通畅,是否有气,校正油泵 2. 清洁空气滤清器 3. 更换滤芯 4. 参看“发动机过热故障”排除

续表

常见故障	故障原因	排除方法
发动机过热	1. 冷却液不足 2. 散热器或旋转罩堵塞 3. 旋转罩不转动 4. 风扇传动带松动或断裂 5. 冷却系统水垢太多 6. 节温器失灵 7. 真空除尘管堵塞 8. 风扇转速低 9. 风扇叶片装反	1. 加满水，并检查散热器及软管是否渗漏 2. 清理散热器和旋转罩(防尘罩) 3. 传动带脱落或断裂，更换 4. 更换损坏传动带 5. 彻底清洗、排垢 6. 更换新品 7. 清理除尘管 8. 调整皮带紧度 9. 重新正确装配
机油压力偏低	1. 机油液面低 2. 机油牌号不正确 3. 机油散热器堵塞 4. 油底壳机油污物多，吸油滤网堵塞	1. 加至标准液面 2. 更换正确牌号机油 3. 清除堵塞或送专业人员修理 4. 更换清洁机油，清洗滤网
发动机机油消耗过大	1. 进气阻力大 2. 系统有渗漏 3. 曲轴箱机油黏度低 4. 机油散热器堵塞 5. 拉缸或活塞环对口 6. 发动机压缩系统磨损超限	1. 检查清理空气滤清器，清理进气口 2. 检查管路、密封件和排放塞等是否渗漏 3. 换用标号正确的机油 4. 清理堵塞 5. 送专业人员修理 6. 送专业人员修理
发动机燃油耗量过高	1. 空气滤清器堵塞或有污物 2. 燃油标号不对 3. 喷油器上有污物或缺陷 4. 发动机正时不正确 5. 油泵供油量偏大 6. 供油系统渗漏严重	1. 清除堵塞、清理过滤元件 2. 换用标号正确燃油 3. 送专业人员修理 4. 送专业人员修理，重新调整正时 5. 送专业人员修理，重调标准供油量 6. 检查清理排气不畅

续表

常见故障	故障原因	排除方法
发动机冒黑烟或灰烟	1. 空气滤清器堵塞 2. 燃油标号不正确 3. 喷油器有缺陷 4. 油路内有空气 5. 油泵供油量偏大 6. 供油系统渗漏	1. 清除堵塞 2. 更换符合要求标号的燃油 3. 换新件或送专业人员修理 4. 排气 5. 检查清理排气不畅 6. 请专业人员修理
发动机冒白烟	1. 发动机机体温度太低 2. 燃油牌号不正确 3. 节温器有缺陷 4. 发动机正时不正确	1. 预热发动机至正确工作温度 2. 使用十六烷值的燃油 3. 拆卸检查或更换新品 4. 送专业人员修理
发动机冒蓝烟	1. 发动机活塞环对口 2. 发动机压缩系统磨损超限 3. 新发动机未磨合 4. 曲轴箱油面过高	1. 重新安装活塞环 2. 送专业人员修理、更换磨损超限零件 3. 按规范磨合发动机 4. 放沉淀、使油面降至标准

第三节　玉米果穗联合收割机的使用与维护

玉米是我国主要粮食作物之一，种植面积大，玉米收割机械的发展很快，近几年购买玉米收割机的用户日趋增多。然而玉米收割机技术含量高，对农民来说是一种新型农机具，而且玉米联合收割机结构复杂，运动部件多，作业环境差。农民对玉米收割机的使用和维护保养知识还比较缺乏。

一、玉米果穗联合收割机的构造及工作过程

约翰迪尔6488型玉米果穗联合收割机是约翰迪尔佳联收

割机械有限公司在吸收国内外玉米果穗联合收割机技术的基础上，自主研发的玉米收割机械。该机设计新颖，在割台、剥皮、茎秆粉碎处理等方面进行大胆创新，适合我国东北玉米种植的农艺要求。该机可以一次完成玉米果穗收获的全过程作业。专用于玉米果穗收获，满足国内玉米收获水分过多、不易直接脱粒的特点。它具有结构紧凑、性能完善、作业效率高、作业质量好等优点。

约翰迪尔 6488 型玉米果穗联合收割机主要由割台（摘穗）、过桥、升运器、剥皮机（果穗剥皮）、籽粒回收箱、粮箱、卸粮装置、传动装置、切碎器（秸秆还田）、发动机部分、行走系统、液压系统、电气系统和操作系统等组成，如图 2-12 所示。

图 2-12　约翰迪尔 6488 型玉米果穗联合收割机总体结构

当玉米果穗联合收割机进入田间收获时，分禾器从根部将禾秆扶正并导向带有拨齿的拨禾链，拨禾链将茎秆扶持并引向摘穗板和拉茎辊的间隙中，每行有一对拉茎辊将禾秆强制向下方拉引。在拉茎辊上方设有两块摘穗板。两板之间间隙（可调）较果穗直径小，便于将果穗摘落。已摘下的果穗被拨禾链带到横向搅龙中，横向搅龙再把它们输送到倾斜输送器，然后通过升运器均匀地送进剥皮装置，玉米果穗在星轮的压送下被相互旋转的剥皮辊剥下苞叶，剥去苞叶的果穗经抛送轮拨入果穗箱；苞叶经下方的输送螺旋推向一侧，经排茎辊排出机体外。剥皮过程中部分脱落的籽粒回收在籽粒回收箱中，当果穗集满后，由驾驶员控制粮箱翻转完成卸粮；被拉茎秆连同剥下的苞叶被切碎器切碎还田。

二、玉米果穗联合收割机的使用与调整

(一)割台

割台主要由分禾器、摘穗板、拉茎辊、拨禾链、齿轮箱、中央搅龙、橡胶挡板组成。

1. 分禾器的调节

作业状态时，分禾器应平行地面，离地面 10～30 厘米；收割倒伏作物时，分禾器要贴附地面仿形；收割地面土壤松软或雪地时，分禾器要尽量抬高防止石头或杂物进入机体内。

收割机公路行走时，需将分禾器向后折叠固定，或拆卸固定，可防止分禾器意外损坏。分禾器通过开口销(B)与护罩连接，将开口销(B)、销轴(A)拆除，即可拆下分禾器。

2. 挡板的调节

橡胶挡板(A)的作用是防止玉米穗从拨禾链内向外滑落，造成损失。当收割倒伏玉米或在此处出现拥堵时，要卸下挡板，防止推出玉米。卸下挡板后，与固定螺栓一起存放在可靠的地方保留。

3. 喂入链、摘穗板的调节

喂入链的张紧度是由弹簧自动张紧的。弹簧调节长度 L

为 11.8～12.2 厘米。摘穗板(B)的作用是把玉米穗从茎秆上摘下。安装间隙:前端为 3 厘米,后端为 3.5～4 厘米。摘穗板(B)开口尽量加宽,以减少杂草和断茎秆进入机器。

4. 拉茎辊间隙调整

拉茎辊用来拉引玉米茎秆。拉茎辊位于摘穗架的下方,平行对中,中心距离 L=8.5～9 厘米,可通过调节手柄(A)调节拉茎辊之间的间隙(见图 2-13)。

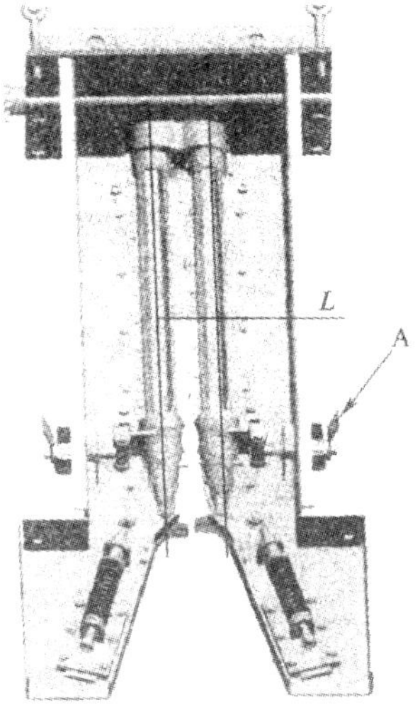

图 2-13　拉茎辊间隙调整

为保持对称,必须同时调整一组拉茎辊,调整后拧紧锁紧螺母。拉茎辊间隙过小,摘穗时容易掐断茎秆;拉茎辊间隙过大,易造成拨禾链堵塞。

5. 中央搅龙的调整

为了顺利、完整地输送,搅龙叶片应尽可能地接近搅龙底壳，此间隙应小于 10 毫米，过大易造成果穗被啃断、掉粒等损失；过小刮碰底板。

（二）倾斜输送器

倾斜输送器又称过桥，起到连接割台和升运器的作用。倾斜输送器围绕上部传动轴旋转来提升割台，确保机器在公路运输和田间作业时割台离地面能够调整到合适的间隙。

作物从过桥刮板上方向后输送。观察盖用于检查链把的松紧。在中部提起刮板，刮板与下部隔板的间隙应为 60±15 毫米。两侧链条松紧一致。出厂时两侧的螺杆长度为 52 ±5 毫米，作业一段时间后，链节可能伸长，需要及时调整。

调整方法：用扳手将紧固于固定板 C 两侧的螺母 B 旋入或旋出以改变 X 的数值（图 2-14）。

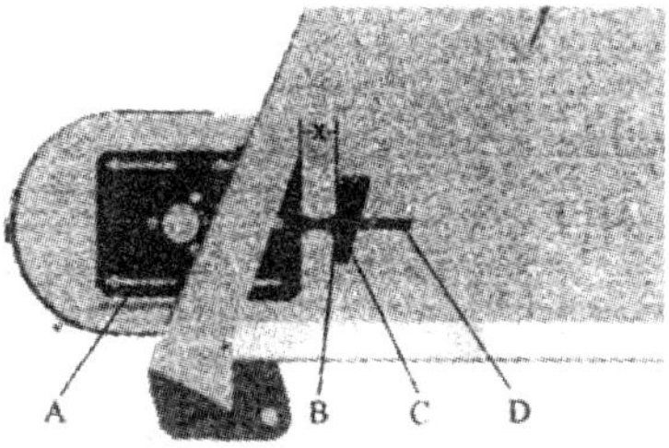

图 2 14　输送链耙的调整

A. 六解螺母　B. 张紧螺母　C. 调节板　D. 螺杆

（三）升运器

升运器的作用是从倾斜输送器得到作物，然后将玉米输送到剥皮机。升运器中部和上部有活门，用于观察和清理。

1. 升运器链条调整

升运器链条松紧是通过调整升运器主动轴两端的调节板的

调整螺栓而实现的，拧松 5 个六角螺母(A)，拧动张紧螺母(B)，改变调节板(C)的位置，使得升运器两链条张紧度应该一致，正常张紧度应该用手在中部提起链条时，链条离底板高度为 30～60 毫米。使用一段时间后，由于链节拉长，通过螺杆已经无法调整时，可将链条卸下几节。

2. 排茎辊上轴角度调整

拉茎辊的作用是将大的茎秆夹持到机外。拉茎辊的上轴位置可调，可在侧壁上的弧形孔作 5°～10°的旋转调整，以达到理想的排茎效果。出厂前，拉茎辊轴承座在弧形孔中间位置，调整时，松开 4 个螺母，保持拉茎辊下轴不动，缓慢转动轴承座的位置，使上下轴达到合适的角度，然后拧紧所有螺栓。

3. 风扇转速调整

该风扇产生的风吹到升运器的上端，将杂余吹出到机体外。该风扇是平板式的，如果采用流线型的将会造成玉米叶子抽到风扇中。

风扇转速调整是拆下升运器右侧护罩，松开链条，拆下二次拉茎辊主动链轮，更换成需要的链轮，然后连接链条，装好护罩。

风扇的转速有 3 种：1211 转/分钟、1292 转/分钟和 1384 转/分钟，它是通过更换排茎辊的输入链轮来完成的。当使用 16 齿链轮时其转数为 1211 转/分钟；当使用 15 齿链轮时，其转速为 1292 转/分钟（出厂状态）；当使用 14 齿链轮时，转速为1384 转/分钟。

(四)剥皮输送机

剥皮输送机简称剥皮机，是将玉米果穗的苞叶剥除的装置，同时将果穗输送到果穗箱。

剥皮机由星轮和剥皮辊组成,5 组星轮,5 组剥皮辊。每组剥皮辊有 4 根剥皮辊,其中铁辊是固定辊,橡胶辊是摆动辊。

剥皮输送机工作过程:果穗从升运器落入剥皮机中,经过星轮压送和剥皮辊的相对转动剥除苞叶,并除去残余的断茎秆及穗头,然后经抛送辊将去皮果穗抛送到粮箱。

1. 星轮和剥皮辊间隙调整

压送器(星轮)与剥皮辊的上下间隙可根据果穗的粗细程度进行调整。调整位置:前部在环首螺栓处(左右各一个),后部在环首螺栓处(左右各一个),调整完毕后,需重新张紧星轮的传动链条。出厂时,星轮和剥皮辊之间的间隙为 3 毫米。压送器(星轮)最后一排后面有一个抛送辊,起到向后抛送玉米果穗的作用。

2. 剥皮辊间隙调整

通过调整外侧一组螺栓(A),改变弹簧压缩量 X,实现剥皮辊之间距离的调整。出厂时压缩量 Z 为 61 毫米。

3. 动方输入链轮、链条的调节

调节张紧轮(A)的位置,改变链条传动的张紧程度。对调组合链轮(B)可获得不同的剥皮辊转速。

将双排链轮反过来,会产生两种剥皮机速度,出厂时转速为 420 转/分钟,链轮反转安装时,转速为 470 转/分钟。齿轮箱的输入端配有安全离合器。

(五)籽粒回收装置

籽粒回收装置由籽粒筛和籽粒箱组成,位于剥皮机正下方,用于回收输送剥皮过程中脱落的籽粒,籽粒经筛孔落入下部的籽粒箱,玉米苞叶和杂物经筛子前部排出。

籽粒筛角度可通过调整座(A)调整,籽粒筛面略向下倾斜,是出厂状态,拆掉调整座(A),籽粒筛向上倾斜,降低籽粒损失。

(六)茎秆切碎器

切碎器的主要作用是将摘脱果穗的茎秆及剥皮装置排出的茎叶粉碎均匀抛撒还田。茎秆切碎器的主轴旋转方向与机器前进方向相反,即逆向切割茎秆。由于刀轴的高速逆行驶方向旋转,可将田间摘脱果穗的茎秆挑起,同时将散落在田间的苞叶吸起,随着刀轴的转动,动定刀将其打碎,碎茎秆沿壳体均匀抛至田间。

茎秆切碎器的组成:转子、仿形辊、支架、甩刀、传动(齿轮箱换向)装置。

1. 割茬高度的调整

仿形辊的作用主要是完成对切茬高度的控制,工作时,仿形辊接地,使切碎器由于仿行辊的作用而随着地面的变化而起伏,达到留茬高度一致的目的。调整仿形辊的倾斜角度,以控制割茬高度。留茬太低,动刀打土现象严重,动刀(或锤爪)磨损,功率消耗增大;留茬太高,茎秆切碎质量差。

调整时松开螺栓(B),拆下螺栓(C),使仿形辊(A)围绕螺栓(B)转动到恰当位置,然后固定螺栓(C)。仿形辊向上旋转,割茬高度低;仿形辊向下旋转,割茬高度高(见图 2-15)。

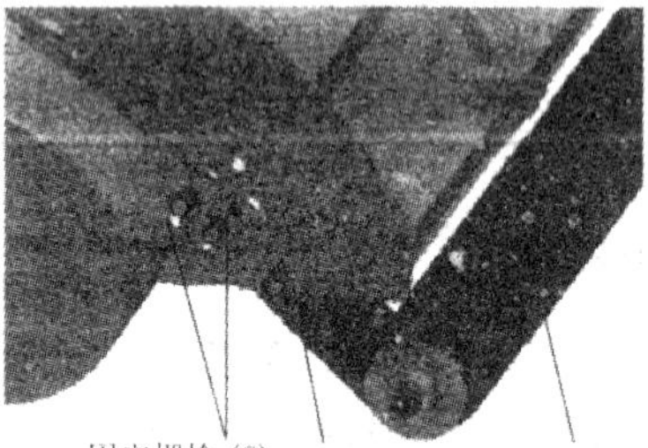

图 2-15 割茬高度调整

2. 切碎器定刀的调整

调整定刀(A)时,松开螺栓(B)向管轴方向推动定刀(A),茎秆粉碎长度短,反之茎秆粉碎长度长。用户根据需要进行调整(见图 2-16)。

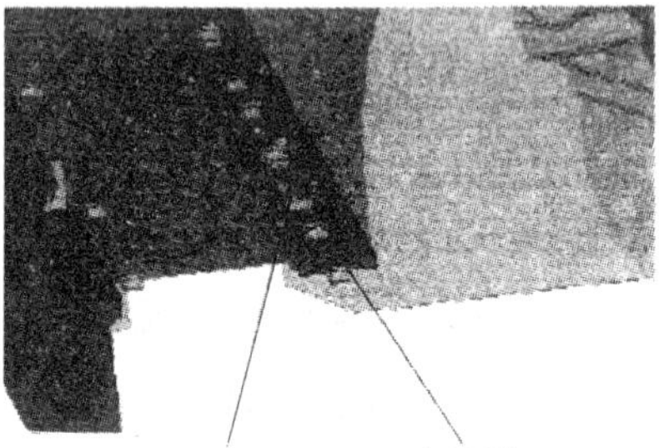

图 2-16 切碎器定刀调整

3. 切碎器传动带张紧度调整

切碎器传动皮带由弹簧(A)自动张紧,出厂时,弹簧长度为84±2 毫米,需要根据皮带的作业状态进行适当调整,调整后需将螺母(B)锁紧。调整的基本要求:在正常的负荷下,皮带不能打滑和丢转(见图 2-17)。只在调整皮带张紧度时方可拆防护罩。

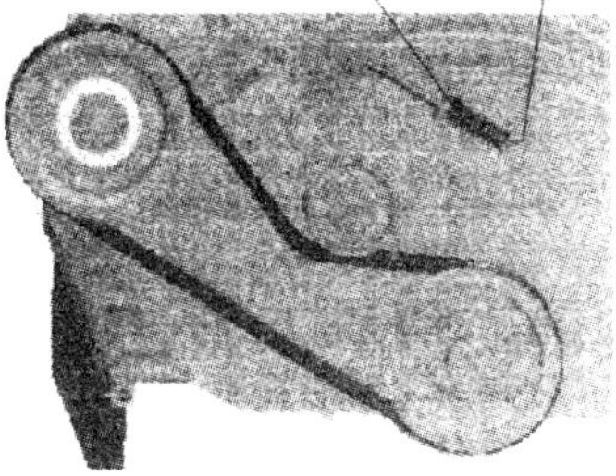

图 2-17 切碎器传动带张紧度调整

三、玉米果穗联合收割机的维护与保养

(一)割前准备

1. 保养

按照使用说明书,对机器进行日常保养,并加足燃油、冷却液和润滑油。以拖拉机为动力的应按规定保养拖拉机。

2. 清洗

收获工作环境恶劣,草屑和灰尘较多,容易引起散热器、空气滤清器堵塞,造成发动机散热不好、水箱开锅。因此,必须经常清洗散热器和空气滤清器。

3. 检查

检查收割机各部件是否松动、脱落、裂缝、变形,各部位间隙、距离、松紧是否符合要求;启动柴油机,检查升降提升系统是否正常,各操纵机构、指示标志、仪表、照明、转向系统是否正常,检查各运动部件、工作部件是否正常，有无异常响声等。

4. 田间检查

(1)收获前 10～15 天，应做好田间调查，了解作业田里玉米的倒伏程度、种植密度和行距、最低结穗高度、地块的大小和长短等情况，制订好作业计划。

(2)收获前 3～5 天，将农田中的渠沟、大垄沟填平，并在水井、电线杆拉线等不明显障碍物上设置警示标志，以利于安全作业。

(3)使用前正确调整秸秆粉碎还田机的作业高度，一般根茬高度为 8 厘米即可，调得太低刀具易打土，会导致刀具磨损过快，动力消耗大，机具使用寿命低。

(二)使用注意事项

1. 试运转前的检查

(1)检查各部位轴承及轴上高速转动件的安装情况是否正常。

(2)检查 V 带和链条的张紧度。

(3)检查是否有工具或无关物品留在工作部件上，防护罩是否缺少。

(4)检查燃油、机油、润滑油是否缺少。

2. 空载试运转

(1)分离发动机离合器，变速杆放在空挡位置。

(2)启动发动机，在低速时接合离合器。待所有工作部件和各种机构运转正常时，逐渐加大发动机转速，一直到额定转速为止，然后使收割机在额定转速下运转。

(3)运转时，进行下列各项检查：顺序开动液压系统的液压缸，检查液压系统的工作情况。液压油路和液压件的密封情况；检查收割机（行驶中）制动情况。每经20分钟运转后，分离一次发动机离合器，检查轴承是否过热，皮带和链条的传动情况，各连接部位的紧固情况。用所有的挡位依次接合工作部件时，对收割机进行试运转，运行时注意各部件的情况。

3. 作业试运转

在最初作业30小时，建议收割机的速度比正常速度低20％～25％，正常作业速度可按说明书推荐的工作速度进行。试运转结束后，要彻底检查各部件的装配紧固程度、总成调整的正确性、电气设备的工作状态等。更换所有减速器、闭合齿轮箱的润滑油。

4. 作业时应注意的事项

（1）收割机在长距离运输过程中，应将割台和切碎机构挂在后悬挂架上，并且只允许中速行驶，除驾驶员外，收割机上不准坐人。

（2）玉米收割机作业前应平稳接合工作部件离合器，油门由小到大，到稳定额定转速时，方可开始收获作业。

（3）玉米收割机在田间作业时，要定期检查切割粉碎质量和留茬高度，根据情况随时调整割茬高度。

（4）根据抛落到地上的籽粒数量来检查摘穗装置工作。籽粒的损失量不应超过玉米籽粒总量的0.5％。当损失大时应检查摘穗板之间的工作间隙是否正确。

（5）应适当中断玉米收割机工作1～2分钟。让工作部件空运转，以便从工作部件中排除所有玉米穗、籽粒等余留物，以免工作部件堵塞。当工作部件堵塞时，应及时停机清除堵塞物，否则将会导致玉米收割机负荷加大，使零部件损坏。

(6)当玉米收割机转弯或者沿玉米垄行作业遇到水洼时，应把割台升高到运输位置。

注意：在有水沟的田间作业时，收割机只能沿着水沟方向作业。

(三)维护保养

1. 技术保养

(1)清理。经常清理收割机割台、输送器、还田机等部位的草屑、泥土及其他附着物。特别要做好拖拉机水箱散热器、除尘罩的清理，否则会直接影响发动机正常工作。

(2)清洗。空气滤清器要经常清洗。

(3)检查。检查各焊接件是否开焊、变形，易损件如锤爪、皮带、链条、齿轮等是否磨损严重、损坏，各紧固件是否松动。

(4)调整。调整各部间隙，如摘穗辊间隙、切草刀间隙，使间隙保持正常；调整高低位置，如割台高度等符合作业要求。

(5)张紧。作业一段时间后，应检查各传动链、输送链、三角带、离合器弹簧等部件松紧度是否适当，按要求张紧。

(6)润滑。按说明书要求，根据作业时间，对传动齿轮箱加足齿轮油，轴承加足润滑脂，链条涂刷机油。

(7)观察。随时注意观察玉米收割机作业情况，如有异常，及时停车，排除故障后，方可继续作业。

2. 机具的维护保养

1)日常维护保养

(1)每日工作前应清理玉米果穗联合收割机各部残存的尘

土、茎叶及其他附着物。

(2)检查各组成部分连接情况,必要时加以紧固。特别要检查粉碎装置的刀片、输送器的刮板和板条的紧固,注意轮子对轮毂的固定。

(3)检查三角带、传动链条、喂入和输送链的张紧程度。必要时进行调整,损坏的应更换。

(4)检查变速箱、封闭式齿轮传动箱的润滑油是否有泄漏和不足。

(5)检查液压系统液压油是否有漏油和不足。

(6)及时清理发动机水箱、除尘罩和空气滤清器。

(7)发动机按其说明书进行技术保养。

2)收割机的润滑

玉米果穗联合收割机的一切摩擦部分,都要及时、仔细和正确地进行润滑,从而提高玉米联合收割机的可靠性,减少摩擦力及功率的消耗。为了减少润滑保养时间,提高玉米联合收割机的时间利用率,在玉米果穗联合收割机上广泛采用了两面带密封圈的单列向心球轴承、外球面单列向心球轴承,在一定时期内不需要加油。但是有些轴承和工作部件(如传动箱体等),应按说明书的要求定期加注润滑油或更换润滑油。玉米联合收割机各润滑部位的润滑方式、润滑剂及润滑周期见表 2-10。

表 2-10　玉米果穗收割机润滑表

润滑部位	润滑周期	润滑油、润滑剂
前桥变速箱	1 年	齿轮油 HL-30
粉碎器齿轮箱	1 年	齿轮油 HL-30
拉茎辊	1 年	钙基润滑油、钙钠基润滑油(黄油)
分动箱	1 年	50%钙钠基润滑油(黄油)和 50%齿轮油 HL-30 混合
茎秆导槽传动装置	60 小时	钙基润滑油、钙钠基润滑油(黄油)
搅动输送器	60 小时	
升运器	60 小时	
秸秆粉碎装置	60 小时	
动力装置	60 小时	
行走中间轴总成	60 小时	
工作中间总成	60 小时	
三角带张紧轮	60 小时	

3)三角带传动维护和保养

(1)在使用中必须经常保持皮带的正常张紧度。皮带过松或过紧都会缩短使用寿命。皮带过松会打滑,使工作机构失去效能;皮带过紧会使轴承过度磨损,增加功率消耗,甚至将轴拉弯。

(2)防止皮带沾油。

(3)防止皮带机械损伤。挂上或卸下皮带时,必须将张紧轮松开。如果新皮带不好上时,应卸下一个皮带轮,套上皮带后再把卸下的皮带轮装上。同一回路的皮带轮轮槽应在同一回转平面上。

(4)皮带轮轮缘有缺口或变形时,应及时修理或更换。

(5)同一回路用 2 条或 3 条皮带时,其长度应该一致。

4)链条传动维护和保养

(1)同一回路中的链轮应在同一回转平面上。

(2)链条应保持适当的紧度,太紧易磨损,太松则链条跳动大。

(3)调节链条紧度时,把改锥插在链条的滚子之间向链的运动方向扳动,如链条的紧度合适,应该能将链条转过 20°～30°。

5)液压系统维护和保养

(1)检查液压油箱内的油面时,应将收割台放在最低位置,如液压油不足时,应予补充。

(2)新玉米联合收割机工作 30 小时后,应更换液压油箱里的液压油,以后每年更换 1 次。

(3)加油时应将油箱加油孔周围擦干净,拆下并清洗滤清器,将新油慢慢通过滤清器倒入。

(4)液压油倒入油箱前应沉淀,保证液压油干净,不允许油里含水、沙、铁屑、灰尘或其他杂质。

6)入库保养

(1)清除泥土杂草和污物,打开机器的所有观察孔、盖板、护罩,清理各处的草屑、秸秆、籽粒、尘土和污物,保证机内外清洁。

(2)保管场地要符合要求,农闲期收割机应存放在平坦干燥、通风良好、不受雨淋日晒的库房内。放下割台,割台下垫上木板,不能悬空;前后轮支起并垫上垫木,使轮胎悬空,要确保支架平稳牢固,放出轮胎内部的气体。卸下所有传动链,用柴油清洗后擦干,涂防锈油后装复原位。

(3)放松张紧轮,松弛传动带。检查传动带是否完好,能使用的,要擦干净,涂上滑石粉,系上标签,放在室内的架子上,用纸盖好,并保持通风、干燥及不受阳光直射。若挂在墙上,应尽量不让传动带打卷。

(4)更换和加注各部轴承、油箱、行走轮等部件润滑油;轴承运转不灵活的要拆下检查,必要时换新的。对涂层磨损的外露件,应先除锈,涂上防锈油漆。卸下蓄电池,按保管要求单独存放。

(5)每个月要转动一次发动机曲轴,还要将操纵阀、操纵杆在各个位置上扳动十几次,将活塞推到油缸底部,以免锈蚀。

四、常见故障及排除方法

玉米果穗收割机常见故障及排除方法见表2-11。

表2-11 玉米果穗收割机常见故障及排除方法

常见故障	故障原因	排除方法
漏摘果穗	1. 玉米播种行距与玉米收割机结构行距不相适应	1. 播种时行距应与玉米收割机行距一致
	2. 分禾板和倒伏器变形或安装位置不当	2. 校正或重新安装
	3. 夹持链技术状态不良或张紧度不适宜	3. 正确调整夹持链的张紧度
	4. 摘穗辊轴螺旋筋纹和摘钩磨损	4. 正确安装摘穗辊以免破坏摘穗辊表面上条棱和螺旋筋原装配关系
	5. 摘穗辊安装或间隙调整不当	5. 正确安装、间隙调整正确
	6. 摘穗辊转速与机组作业速度不相适应	6. 合理掌握作业速度
	7. 收割机割台高度调节不当	7. 合理调整割台高度
	8. 机组作业路线未沿玉米播向垄行正直运行	8. 正确操纵收割机行驶路线
	9. 玉米果穗结实位置过低或下垂	9. 合理调整割台工作高度,摘穗辊尽可能放低一些

续表

常见故障	故障原因	排除方法
果穗掉地	1. 分禾器调整太高 2. 机器行走速度太快或太慢 3. 行距不对或牵引(行走)不对行 4. 玉米割台的挡穗板调节不当或损坏 5. 植株倒伏严重,扶倒器拉扯扶起时,茎秆被拉断,果穗掉地 6. 收割滞后,玉米秸秆枯干 7. 输送器高度调整不当	1. 合理调整分禾器高度 2. 合理控制机组作业速度 3. 正确调整牵引梁的位置 4. 合理调整挡穗板的高度 5. 正确操纵收割机行驶路线 6. 尽量做到适期收割 7. 正确调整输送器高度
摘穗辊脱粒咬穗	1. 摘穗辊和摘穗板间隙太大 2. 玉米果穗倒挂较多,摘穗辊、板间隙太大 3. 玉米果穗湿度大 4. 玉米果穗大小不一或成熟度不同 5. 拉茎辊和摘穗辊的速度过高	1. 调小摘穗辊和摘穗板间隙 2. 调整摘穗辊、板间隙 3. 适当掌握收割期 4. 选择良种和合理施肥 5. 降低拉茎辊和摘穗辊的工作速度

模块三　耕整地机械的使用与维修

耕整地机械是对农田土壤进行机械处理使之适合于农作物生长的机械。耕整地机械包括耕地机械和整地机械两大部分。前者用来耕翻土地，主要作业机具有铧式犁、圆盘犁等；后者用来碎土、平整土地或进行松土除草，主要作业机具有钉齿耙、圆盘耙、平地拖板、网状耙、镇压器等。

为了提高作业效率，近年来复式作业和联合作业机具发展很快，应用较广的机具有旋耕机、耕耙犁等。

第一节　概述

一、耕整地的目的

耕整地是作物栽培的基础。耕整地质量好坏对作物生长有显著影响。耕整地的目的包括以下几点：

(1)改善土壤结构，使作物根层的土壤适度松碎，并形成良好的团粒结构，以便吸收和保持适量的水分和空气，有利于种子发芽和根系生长。

(2)消灭杂草和害虫，将杂草覆盖于土中，使蛰居害虫暴露于地表面而死亡。

(3)将作物残茬以及肥料、农药等混合在土壤内以增加其效用。

(4)平整地表或做成某种形状(如开沟、作畦、起垄、筑埂等),以利于种植、灌溉、排水或减少土壤侵蚀。

(5)将过于疏松的土壤压实到疏密适度,以保持土壤水分并有利于作物根系发育。

(6)改良土壤,将质地不同的土壤彼此易位。例如,将含盐碱较重的上层移到下层,或使上、中、下层相互之间易位以改良土质。

(7)清除田间的石块、灌木根或其他杂物。

二、耕整地作业的农业技术要求

土壤耕作分为传统耕作法和保护性耕作法两类。传统耕作法主要是为种子发芽和作物生长创造良好条件;保护性耕作法是为保持土壤水分、防止水土流失、减少能耗和人工而发展起来的一种耕作法。耕整地作业要满足一定的农业技术要求。

(一)耕地作业的农业技术要求

1. 耕深

应随土壤、作物、地区、动力、肥源、气候和季节等不同而选择合理的耕深。耕作层通常为16～20厘米。初次机耕地区的耕层要浅些,一般为10～15厘米;常年机耕地区的耕深较深,如东北地区可达20～30厘米。水田地区浅,为12～20厘米。一般来说,秋耕冬耕宜深,而春耕夏耕宜浅。深耕作业,水田为20～27厘米,旱地为27～40厘米。耕深要求均匀一致,沟底也应平整。

2. 覆盖

良好的翻垡覆盖性能是铧式犁的主要作业指标之一,要求耕后植被不露头,回立垡少。对于水田旱耕,要求耕后土垡架空透气，便于晒垡，以利恢复和提高土壤肥力。

3. 碎土

犁耕作业还需兼顾碎土性能，耕后土垡松碎，田面平整。对于水田土壤秋耕后，要求有良好的断条性能，通常以每米断条数目或垡条的平均长度来表示。一般来说，铧式犁的碎土质量往往难于满足苗床要求，还需进行整地作业。

(二)整地作业与农业技术要求

(1)及时整地，以利防旱保墒。

(2)耙深要求均匀一致。旱地一般为 10～20 厘米；水田一般为 10～15 厘米。

(3)耙碎、耙平、耙透。耙后表土平整、细碎、松软，但又需有适当的紧密度，因此，有些地区还需进行镇压作业。

此外，对于水田整地作业，还要求土壤松软，灭茬起浆。稻草还田地区，一般先耕后耙，耙地时要兼顾碎土、起浆和压草等要求。

第二节　耕地机械

耕地机械的种类和形式很多，其中以铧式犁应用最广。铧式犁的种类按动力可分为畜力犁和机力犁；按用途可分为旱地犁、水田犁、山地犁、特种用途犁；按与拖拉机挂接方式分为牵引犁、悬挂犁、半悬挂犁。

一、铧式犁的类型及特点

(一)牵引犁

牵引犁是机力犁中发展最早的一种形式。图 3-1 为带液压升降机构的牵引犁，由牵引装置、犁架、犁轮、小前犁、圆犁刀、液压升降机构和调节机构等部件组成。犁和拖拉机通过牵引装置连接在一起。犁架由 3 个轮子支撑。沟轮在前一行程所开出的犁沟中行走，地轮行走在未耕地上，尾轮行走在最后犁体所开出的犁沟中。这种犁由于整机较笨重，机构复杂，作业效率较低，因此其应用已逐渐减少。

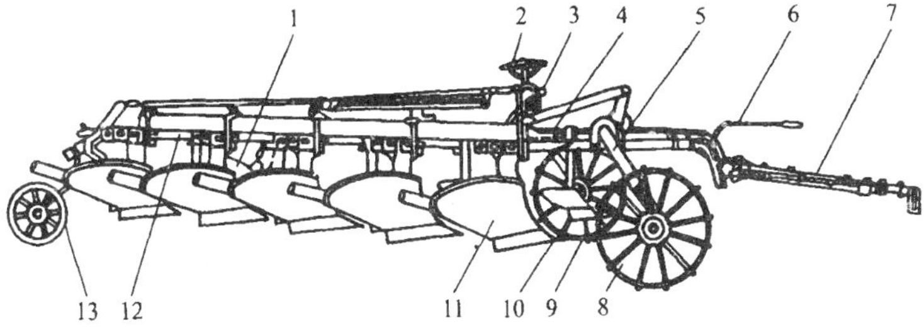

图 3-1　液压式牵引犁

1. 圆犁刀 2. 水平调节机构 3. 耕深调节机构 4. 油缸 5. 沟轮转臂 6. 油管 7. 牵引装置 8. 沟轮 9. 地轮 10. 小前犁 11. 主犁体 12. 犁架 13. 尾轮

(二)悬挂犁

悬挂犁通过悬挂架的上悬挂点和两个下悬挂点与拖拉机悬挂机构上下拉杆相铰接，构成一个机组。运输时，将犁悬挂在拖拉机上。根据拖拉机液压系统的不同形式，犁的耕深可由限深轮或拖拉机液压系统来控制。悬挂轴的两端为曲拐轴销。操纵手柄用以转动悬挂轴，可进行耕宽等调节(见图 3-2)。有的悬挂犁是在左下悬挂臂上装有耕宽调节器(见图 3-3)，转动调节器手柄伸缩左悬挂销，可改变耕宽。这种形式结构紧凑，调节时直观简便。

悬挂犁是继牵引犁之后而发展起来的，在生产中应用最广的一种机型。与牵引犁相比，其优点是：

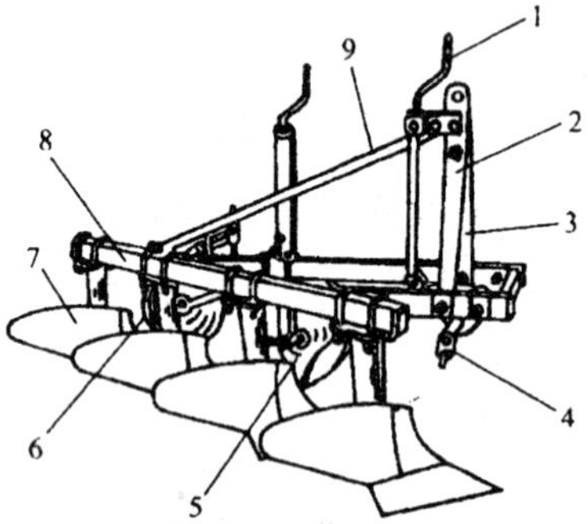

图 3-2 悬挂四铧犁

1. 调节手柄 2. 右支杆 3. 左支杆 4. 悬挂轴

5. 限深轮 6. 圆犁刀 7. 犁体 8. 犁架 9. 斜拉杆

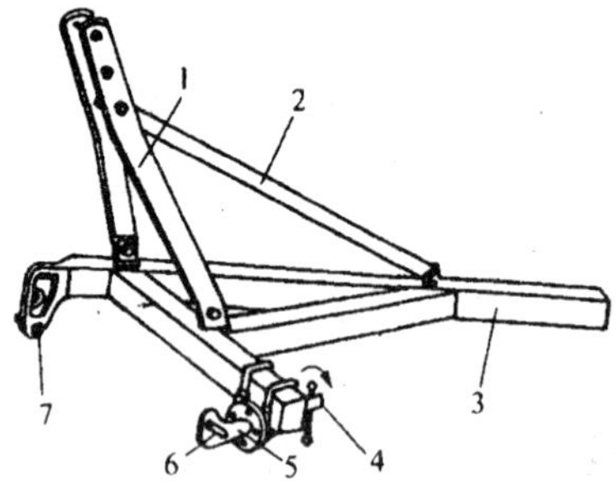

图 3-3 带耕宽调节器的悬挂架

1. 悬挂架 2. 斜拉杆 3. 犁架 4. 调节手柄

5. 左下悬挂点 6. 左销耳 7. 右下悬挂点

(1)大大减少犁的金属用量,悬挂犁的重量比同样耕幅的牵引犁轻 40%～50%。

(2)机动性强,机组转弯半径等于拖拉机的转弯半径,由于缩短了转弯时间(尤其是在小块田地),使生产率大为提高。

(3)对拖拉机驱动轮的增重较大,减小驱动轮的滑转率,有利于拖拉机功率的充分发挥。

(4)由于取消了地轮、沟轮和尾轮及起落机构等容易磨损的部件,所以犁的使用寿命较长,且维护保养方便。

悬挂犁在运输状态下,犁的重量全部由拖拉机承担,因此犁越重或重心越靠后,拖拉机的纵向稳定性和操向性越差。这样一来,就限制了犁的结构长度不能过大,犁体数不能过多。

(三)半悬挂犁

半悬挂犁的前端通过悬挂架与拖拉机液压悬挂系统相连,犁的后端设有限深轮及尾轮机构。由工作位置转换到运输位置时,犁的前端由液压提升器提起,当前端抬升一定高度后,通过液压油缸,使尾轮相对于犁架向下运动,于是犁架后部即被抬升。这样犁出土迅速,地头耕深一致。当到达运输状态后,犁的后部重量由尾轮支承。尾轮通过操向杆件与拖拉机悬挂机构的固定臂连接,当机组转弯时,尾轮自动操向。犁的耕深由拖拉机液压系统和限深轮控制(见图 3-4)。

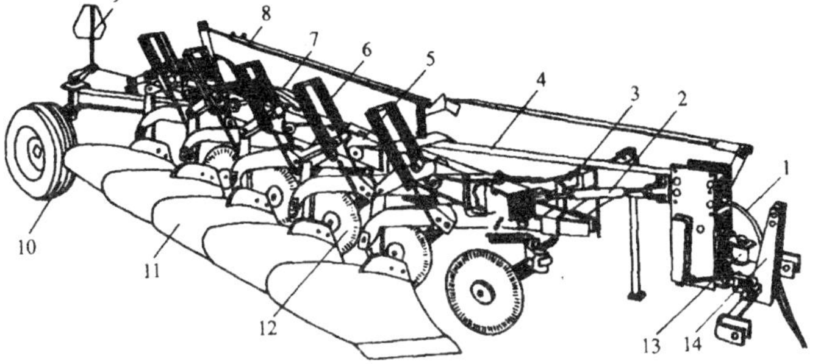

图 3-4　半悬挂五铧犁

1. 油管　2. 调节螺杆　3. 弧形板　4. 纵梁　5. 斜梁
6. 安全器　7. 限深轮　8. 尾轮操向杆　9. 公路运输标志
10. 尾轮　11. 犁体　12. 犁刀　13. 垂直转向轴　14. 悬挂头架

半悬挂犁性能介于牵引犁和悬挂犁之间，但比牵引犁结构简单，重量减少30%，机动性、牵引性能与跟踪性较好。其比悬挂犁可配置较多的犁体，运输时，改善了机组的纵向稳定性。

以上3种犁为普通铧式犁，只能向右侧翻垡，需采用绕行作业。否则，耕后地面堑沟较多，影响耕地质量，且工作效率较低。为解决上述问题，可使用双向犁。

双向犁是指那种在耕地时的来回两个行程中，去的行程如果是向右翻垡，则返回行程是向左翻垡的犁。用这种犁耕的地，垡片始终向地块的一边翻倒，耕后地表平整，不留堑沟。故双向犁较适合耕作坡地，也适用于耕作灌溉地、小块地或形状不规则的地。另外，双向犁耕地时可由地块的一边开始一直耕到地块另一边，不必在地块中央或划小区开墒。在耕地边、地头时，空行程也较普通犁为少。因有上述特点，故尽管双向犁的构造比较复杂，重量较大，且难以进行耕耙联合作业，但仍有很大的发展。

双向犁的种类很多，按其翻转方向不同，分为全翻转式双向犁和水平摆式双向犁，图3-5为一种常用的全翻转式双向犁。

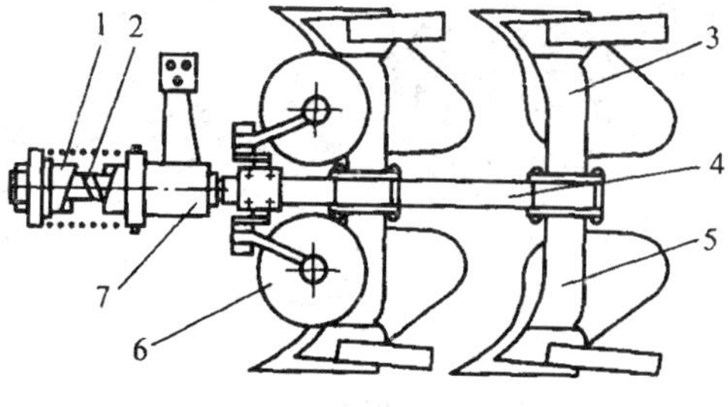

图3-5　翻转式双向犁示意图

1. 翻转机构 2. 犁轴 3. 左翻犁体 4. 犁架

5. 右翻犁体 6. 圆犁刀 7. 悬挂架

二、铧式犁的组成

(一)工作部件

铧式犁的工作部件主要有主犁体、小前犁和犁刀。有的犁还有深松铲和灭茬器等辅助工作部件。在各种不同类型的犁上,工作部件的构造大致相同。

1. 主犁体

主犁体是铧式犁的主要工作部件。它的作用是切开土垡并使之翻转破碎以及覆盖地表的残茬和杂草。它由犁铧、犁壁、犁柱、犁侧板等组成(见图 3-6)。为了增强翻土效果,有的犁体上还装有犁壁延长板。

(1)犁铧:犁铧的作用是切开土垡,并将其升运到犁壁。犁铧由铧尖、铧刃、铧翼和铧面构成。常用的犁铧,按其结构形式可分为梯形犁铧、凿形犁铧和三角形犁铧(见图 3-7)。

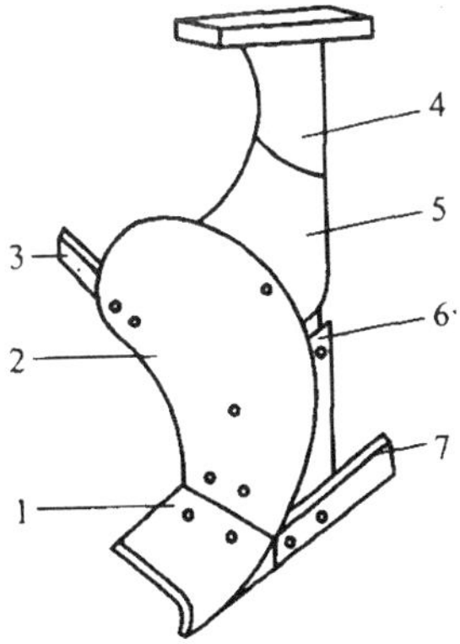

图 3-6　主犁体

1. 犁铧 2. 犁壁 3. 延长板 4. 犁柱 5. 挡草板 6. 犁托 7. 犁侧板

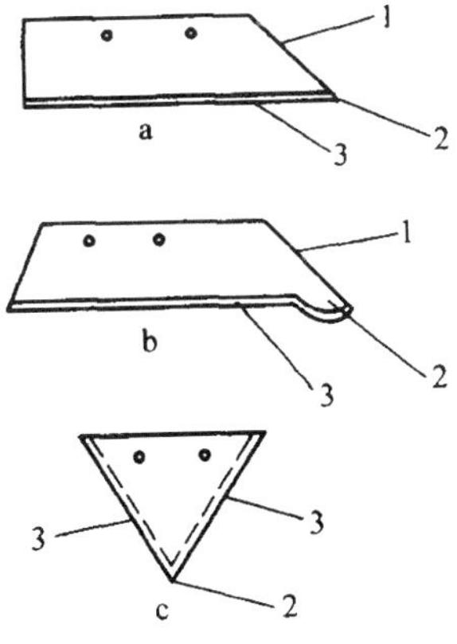

图 3-7　犁铧

a.梯形犁铧 b.凿形犁铧 c.三角形犁铧

1. 胫刃 2. 铧尖 3. 铧刃

在犁耕工作中，犁铧承受的阻力很大，铧刃磨损较快。刃口磨钝后，犁耕阻力增加，入土能力减弱，严重时，耕深稳定性变差，所以铧刃必须经常保持锋利。为了延长犁铧的使用寿命，在铧刃背面有储备料，以便铧刃磨钝后辗出，使其恢复原来的锋利状态。为提高犁铧的寿命和减少经常磨刃带来的麻烦，设计者还将犁铧设计为组合式犁铧和自磨锐犁铧。

(2)犁壁：犁壁是犁体曲面的主要部分，其作用是破碎和翻转土垡。犁铧和犁壁组成犁体曲面。犁体曲面的前边称为犁胫，起垂直切开土壤的作用；中部称为犁胸，起连续翻土和碎土的作用；尾部称为犁翼，它保证翻垡质量和位置。犁壁有整体式、组合式、栅条式等形式。由于胫刃部分磨损迅速，所以组合犁壁将犁胫及其附近犁胸部分与犁壁的其他部分分开制造，磨损后可单独更换。栅条式犁壁多用于耕作黏重土壤。这种犁壁和土垡的接触面积小，对土垡的单位面积压力大，所以容易脱土。

犁耕时，犁壁与土壤摩擦较大，为此犁壁的工作表面应光洁、耐磨，有韧性、能抵抗冲击。有的犁壁上还敷贴特制的塑料薄膜，以增加耐磨性，减小阻力。

(3)犁侧板：犁耕时犁侧板贴在沟墙上滑行，承受并平衡土壤对犁体曲面的侧压力，使犁平稳前进。犁侧板还有防止沟墙坍塌的作用。多体犁上最后一个犁体承受侧压力最大，因此，最后一个犁体的犁侧板比前面几个犁体的犁侧板长些。犁侧板后端接触沟底的部分叫犁踵。犁踵做成活的、可调节的，以便磨损后调节或更换。

为使犁容易入土，保持耕宽和耕深的稳定性，应注意保持犁体的垂直间隙 δ_1 和水平间隙 δ_2（见图 3-8）。

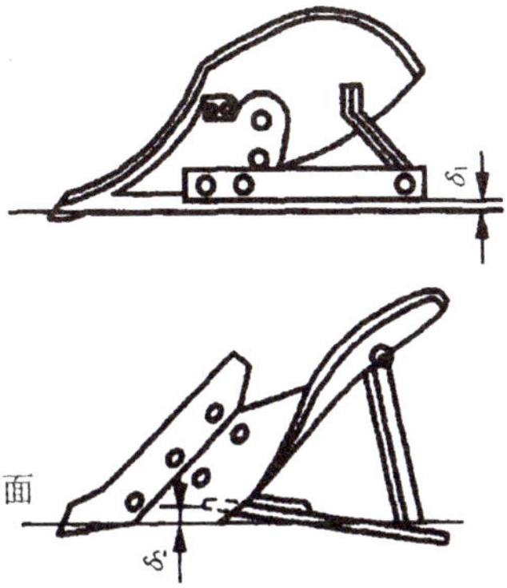

图 3-8　犁体的垂直间隙 δ_1 和水平间隙 δ_2

犁体的垂直间隙 δ_1 通常指由犁侧板前端下边缘至通过铧刃的水平面之间的距离。该间隙使犁铧增加了对沟底单位面积的压力，犁体在工作中始终有一种增大耕深的趋势，从而使犁的耕深保持稳定。通常垂直间隙为 10～15 毫米。犁体的水平间隙 δ_2 通常指由犁侧板前端至沟墙平面的水平距离。犁体的水平间隙使胫刃增强了对沟墙的单位面积上的压力，使犁体在工作中始终有一种增大耕宽的趋势，维持耕宽的稳定。水平间隙一般为 5～10 毫米。

(4)犁柱和犁托：犁柱和犁托将犁铧、犁壁和犁侧板等组装在一起构成犁体。犁柱按结构可分整体式和组合式；按形状又可分为直犁柱和弯犁柱。北方系列犁中的牵引犁和深耕犁采用整体式直犁柱。南方系列犁大都采用分开制造的直犁柱和犁托。国外的悬挂犁很多是采用弯犁柱，有的直接由犁架纵梁下弯而成，有的单独制造后安装在犁架上。弯犁柱下部装有犁托。犁托具有与犁壁吻合的表面，更换犁托，可换装不同曲面的犁壁。

2. 小前犁

小前犁的作用是将土垡上层一部分土壤、杂草耕起，并先于主垡片的翻转而落入沟底，从而改善了主犁体的翻垡覆盖质量。在杂草少、土壤疏松的地区，不用小前犁也能获得良好的耕翻质量。较常用的为铧式小前犁（见图 3-9），其构造与主犁体相似，犁柱和犁托常作成一体，无犁侧板。固定在犁架上。铧式小前犁切下的垡片为矩形，耕宽为主犁体的 2/3，耕深约为主犁体的 1/2。

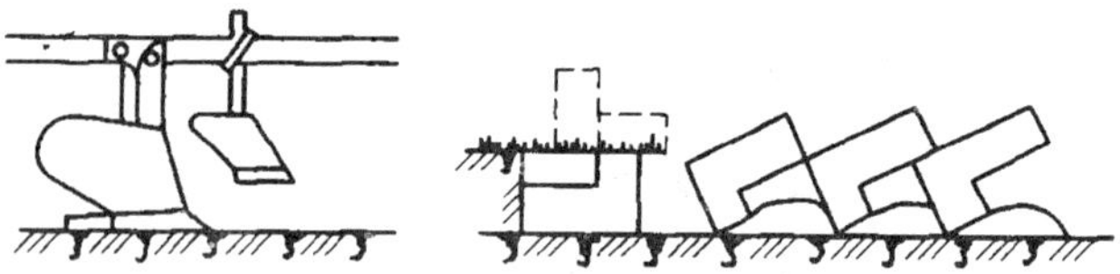

图 3-9　铧式小前犁

3. 犁刀

犁刀的作用是垂直切开土壤，保持整齐的沟墙，减少土壤对犁铧和犁壁胫刃部分的压力，以及切断杂草和残茬，改善覆盖质量。

犁刀有圆犁刀和直犁刀两种形式。圆犁刀比直犁刀的阻力小，切土效果好，且不易缠草，在通用犁上普遍采用。图 3-10 是 3 种不同形式的刀盘。普通刀盘（见图 3-10a）使用广泛，容易入土，脱土性好，且便于磨锐修复。缺口刀盘（见图 3-10b）用于黏重而多草的田地，刀盘的缺口可将杂草压倒，便于切断。但磨损后不易修复。波纹刀盘（见图 3-10c）切断草根的效果最好，由于波纹与土壤紧密接触，所以犁刀不易滑移。虽经磨损，但刃口保持锋利。缺点是在干硬土壤上不易入土。直犁刀（见图 3-10d）最初被用在畜力犁上，以后在机力犁上也有应用。在耕深大、工作条件恶劣的地区(如多石、灌木地等)多用直犁刀。

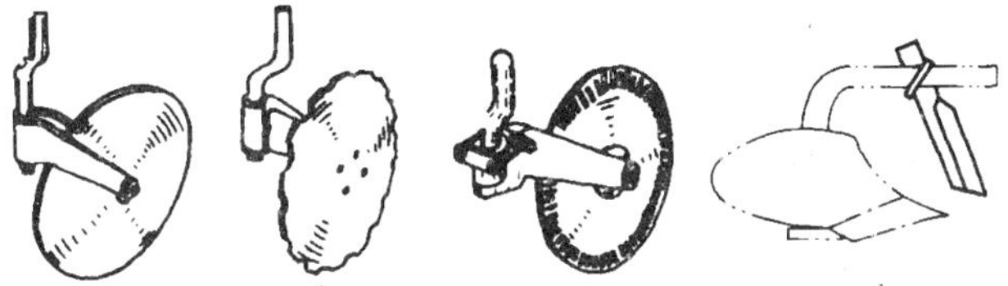

图 3-10　犁刀

a.普通刀盘 b.缺口刀盘 c.波纹刀盘 d.直犁刀

(二)辅助部件

辅助部件因犁的种类不同而有很大的差异。悬挂犁的辅助部件主要有犁架、悬挂架和悬挂轴、调节丝杠、限深轮、支撑杆和安全装置等。

犁架用来安装犁体或其他部件,组成整体,并传递动力,带动犁体工作。如果犁架变形,犁便不能正常工作,影响耕地质量。

悬挂架安装在犁架前端,由两根支杆、斜拉杆和牵引板组成,三者用螺钉固定在犁架上。悬挂轴安装在牵引板上,其两端拐轴互差 180°,为两个下悬挂点,分别与拖拉机悬挂机构的左右下拉杆相连接。在正常耕地时,应使右拐轴向下,左拐轴向上。当犁偏斜时,可转动手柄,通过调节丝杠转动悬挂轴对犁进行调整。支杆上端的挂接孔为上悬挂点,用来与拖拉机的上拉杆相连接。

限深轮用来调节耕深,只适用于高度调节时使用,转动限深轮的调节丝杠,使轮子升降以调节耕深。如采用力调节或位调节时都不需用限深轮调节耕深,这时可将它升到最高位置。

安全装置的作用是当犁体碰到石块、树根或其他障碍物时,能使之安全越过,避免造成犁的损坏。安全装置的种类很多,有整体的、单体的；自动的、半自动的；机械式的和液压式的等。

三、犁耕机组的使用

（一）犁的调整（以悬挂犁为例）

1. 入土性能的调整

犁的入土性能是否良好，直接关系到耕地质量和生产效率。犁的入土性能常以入土行程作为评价指标。多铧犁总入行程较长，为减少耕地头的时间及提高耕地质量，欲使犁及时入土，可采取缩短悬挂机构上拉杆的办法增大犁的入土角，以缩短入土行程（图 3-11a）。入土行程通常是指最后一犁铧从铧尖着地至犁铧达到要求耕深时所前进的距离（见图 3-11c）。犁的入土行程越短，表明其入土性能越好，在耕小地块时尤为重要。入土角是指铧尖落地时，犁底平面与地平面间的夹角，入土角 α 一般取5°～8°角。

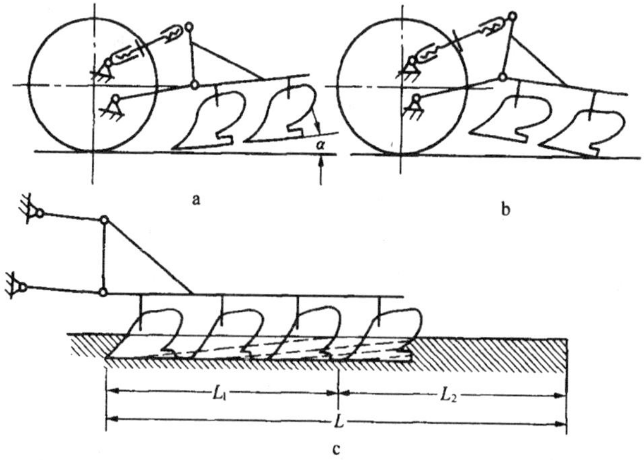

图 3-11　犁的入土角和入行程的调整

a.正确　b.不正确　c.犁的入土行程

α.入土角　L_1 前后犁体间距　L_2 最后犁体的入土行程

缩短上拉杆的长度，会影响前后犁体耕深的一致性，应彼此兼顾，在前后犁体耕深一致的前提下，尽量缩短上拉杆的长度，缩短入土行程。

2. 耕深调整

总的来说，耕深调节方法有三种，即高度调节、力调节和位调节。因拖拉机的液压系统不同而异，详见拖拉机液压悬挂系统。

3. 犁的水平调整

耕地时，犁架前后左右应保持水平，才能使耕深一致。左右水平用悬挂机构的右提升杆来调整，前后水平用上拉杆调整，同时要兼顾入土行程。

4. 耕宽调整

耕地时，犁应当保持正确的直线行进状态，并使耕宽符合规定。如果犁架在水平面内倾斜，耕宽就会变大或变小，造成漏耕或重耕并增加牵引阻力，加速犁的磨损。犁相对于拖拉机的横向位置不当，也会使第一铧漏耕或重耕。耕宽调整就是通过调整第一铧的实际耕宽，使其符合要求，并使犁的总耕宽达到规定尺寸，不重耕、不漏耕。调整的方法一般是转动悬挂轴，当第一铧漏耕（耕宽偏大）时，转动悬挂轴，使犁作顺时针方向偏转，铧尖偏向已耕地，犁架后部向未耕地方向移动，则犁侧板向未耕地的压力增大。当犁行进时，土壤的水平反力将推动犁侧板向已耕地方向移动，克服漏耕。如作反向调整，则耕宽增加，克服重耕（见图 3-12）。

经上述调整后，如仍有漏耕或重耕，或者在耕烂泥田时，因土壤反力太小，采用上述方法难以进行调整，则可横向移动悬挂轴，直接改变第一犁铧相对于拖拉机的位置，以克服漏耕或重耕。

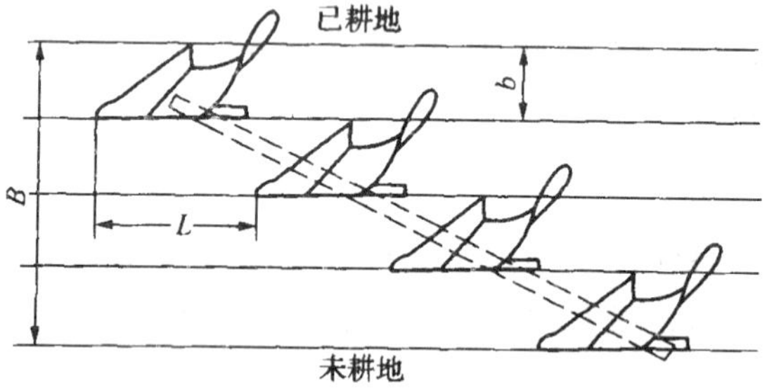

图 3-12　犁在水平面的安装调整

b.一个犁体的宽度　B.总耕宽　L.犁体纵向距离

(二)耕地作业的行走方法

耕地机组的基本行走方法有内翻法和外翻法两种(见图 3-13)。

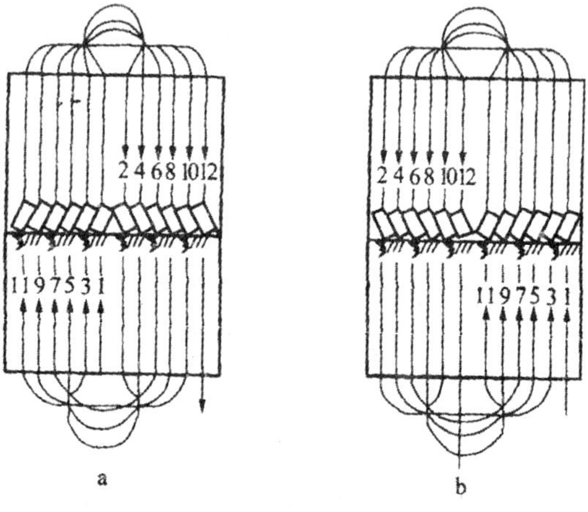

图 3-13　耕地作业的行走方法

a.内翻法　b.外翻法

1. 内翻法

内翻法又称闭垄翻法。机组的第一行程由耕区中线的左侧入区，犁体使土垡向中线扣翻，第二行程从耕区的另一端中线的右侧入区，土垡仍扣向中线。如此机组按顺时针方向绕中线向内翻垡，最后在地边收墒。

内翻法在耕区中线处形成闭垄，在耕区两侧各形成半个开垄。开始几个行程机组在地头的转弯半径大于耕幅，称为有环节转弯。

2. 外翻法

外翻法也称开垄翻法。机组第一行程，由耕区右边入犁。土垡向耕区外侧扣翻。机组逆时针方向，由耕区两边向中间绕行，最后在耕区中间收墒。

外翻法在耕区两侧边各形成半个闭垄，在中间形成开垄。耕地时，可以单独选用某种方法，也可将两种方法组合成新的耕法。如果组合的好，可以大大减少闭垄和开垄的数目。增加地面平整程度，也可缩短地头转弯的空行程。

(三)耕地质量检查

耕地质量检查的目的是及时发现问题和解决问题，以保证耕地质量符合农业技术要求。

1. 耕深

若在已耕地上检查，由于检测时土壤已被疏松，因此实际耕深为实测深的80%，若耕深不符合要求，应重新调整犁的耕深。

2. 地表平整度

若每个行程接合处地表都有高起或低凹现象，说明有重耕或漏耕，应进行耕宽调整。若接合处间或出现高起或低凹现象时，说明是由驾驶员操作不当引起的，应提高驾驶技术。

3. 覆盖严密程度

若耕后地表露有杂草或残茬时，说明土垡扣垡不严或产生了立垡、回垡现象。应加装小前犁或调整耕作速度或调整耕深。最后查看地头耕翻得是否整齐。

第三节　整地机械

整地作业包括耙地、平地和镇压，有的地区还包括起垄和作畦。

耕地后土垡间存在着很多大孔隙，土壤的松碎程度与地面的平整度还不能满足播种和栽植的要求。所以必须进行整地，为作物的发芽和生长创造良好的条件。在干旱地区用镇压器压地是抗旱保墒，保证作物丰产的重要农业技术措施之一。有的地区应用钉齿耙进行播前、播后和苗期耙地除草。

整地机械包括耙（圆盘耙、水田耙和钉齿耙）、耢、镇压器、起垄犁和作畦机等。但圆盘耙的应用最为广泛。

圆盘耙主要用于旱地犁耕后的碎土及播种前的松土、除草。此外，由于圆盘耙能切断草根和作物残茬，搅动和翻转表土，故可用于收获后的浅耕灭茬作业。撒播肥料后可用它进行覆盖，也可用于果园和牧草地的田间管理。

一、圆盘耙及其使用维护与故障排除

圆盘耙主要用于犁耕后的碎土和平地，也可用于搅土、除草、混肥，收获后的浅耕、灭茬，播种前的松土，飞机撒播后的盖种，有时为了抢农时、保墒也可以耙代耕，是表土耕作机械中应用最多的一种机具。

(一)圆盘耙的类型与一般构造

1. 圆盘耙的类型

按机重、耙深和耙片直径可分为重型、中型和轻型三种，其结构参数和适用范围见表 3-1。

表 3-1　圆盘耙的类型

类型	耙片直径/mm	每米耙幅牵引阻力/kg/m	范围
重型圆盘耙	660	6～8	开荒、低温地和黏重土壤，耕后碎土，黏壤土耙地代耕
中型圆盘耙	560	3～5	黏壤土耕后碎土，壤土耙地代耕
轻型圆盘耙	460	2.5～3	壤土耕后碎土，轻壤土耙地代耕

注：单片耙重＝机重/耙片数

按与拖拉机的挂接方式可分为牵引、悬挂和半悬挂三种形式，重型耙一般多用牵引式或半悬挂式，轻型耙和中型耙则三种形式都有；按耙组的配置方式可分为对置式和偏置式两种；按耙组的排列方式可分为单列耙和双列耙。耙组的排列与配置方式如图 3-14 所示。

2. 画盘耙的构造

圆盘耙一般由耙组、耙架、悬挂架和偏角调节机构等组成(见图1－15)。对于牵引式圆盘耙，还有液压式(或机械式)运输轮、牵引架和牵引器限位机构等，有的耙上还设有配重箱。

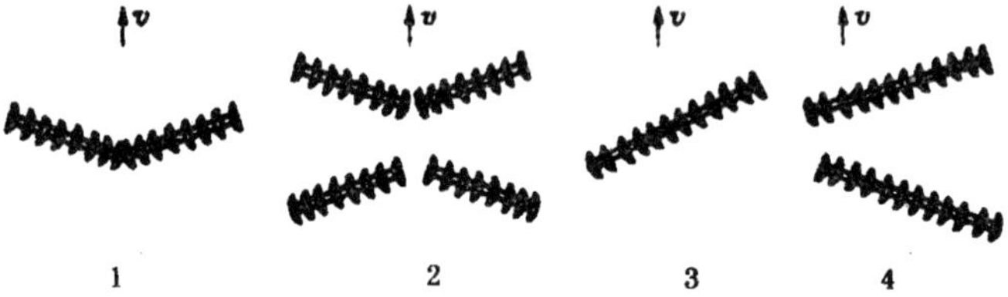

图 3-14 耙组的排列与配置方式

1. 单列对置式 2. 双列对置式 3. 单列偏置式 4. 双列偏置式

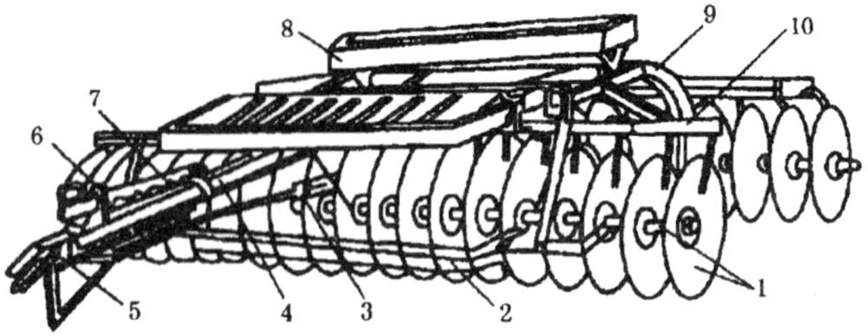

图 3-15 圆盘耙的构造

1. 耙组 2. 前列拉杆 3. 后列拉杆 4. 主梁 5. 牵引器

6. 卡子 7. 齿板式偏角调节器 8. 配重箱 9. 耙架 10. 刮土器

(二)圆盘耙的选购

1. 要有明确的使用目的

首先应满足农业生产技术的要求，如该地区较为干旱少雨，适用于少耕或免耕作业，这样圆盘耙就会起到“以耙代耕”的目的；在果园、林场，则应首选偏置耙；如果是黏重土壤的地区，则可选择重耙或缺口重耙。

2. 要考虑到生产规模和动力配置情况

由于圆盘耙型号较多，有大型的也有小型的，有牵引的也有三点悬挂的，因此除了考虑上述的农业技术要求外，还应充分考虑自身的生产规模（包括周边的服务工作量）来决定购置具体型号与台数。当然，还要考虑与拖拉机的匹配性。

3. 讲求投资效益和进行科学合理购置

机具农机作业是有季节性的，全年内使用日数不是非常满，所以购买农机的投资应该恰到好处。

4. 选购时的注意事项

一是购置圆盘耙时，应检查整个机器制造、安装质量和油漆等外观状态，观察耙片有无裂纹、变形。耙架不得变形、开焊，耙架横梁、轴承均无变形、缺损。刮土板刀刃应完好，和凹面的间隙为 5～8 毫米。各紧固件状态均应良好。购置驱动圆盘耙时，齿轮传动箱应无漏油，试运转中不过热，无剧烈噪声。同时，还必须配足有关备件。二是要选择零部件供应完善、售后服务较好的企业。产品要有“农业机械推广许可证”标志。此外，要核对铭牌上主要技术性能指标是否符合自己所拟定的要求。随机的备件、工具、文件（说明书等）也应齐全、完整、良好，并要有正式发票，以便备查。

（三）圆盘耙的工作过程与调整

1. 工作过程

作业时圆盘耙片的回转平面与地面垂直，无倾角，但与前进方向成一夹角，即偏角。在耙的重力及刃口和曲面综合作用下，耙片切入土壤，使土块沿凹面上升至适当高度并回落下来，所以具有一定的碎土、翻土和覆盖作用。此外，它还有推土、铲土（草）作用。

圆盘耙组在作业时，由于受到外力的作用与影响，产生的侧向力偶矩导致耙组两端耙深不一致，即耙组凹端钻入土内较深，凸端有离地趋势，所以常用强制的方法来解决这一问题，即抬头的凸端加重量或用吊杆将凹端上抬。若偏角加大，会加强入土性能，其碎土、翻土效果也会增强，但工作阻力也随之加大，适宜偏角为 14°～23°。

2. 耙深调节

用角度调节装置调节耙深。其方法为：停车后将齿板前移到某一缺口位置固定，再向前开动拖拉机，牵引器与滑板均向前移动，直到滑板末端上弯部分碰到齿板为止。前后耙组相对于机架作相应的摆转，此时偏角加大，耙深增加；若调浅耙深，则提升齿板，倒退拖拉机，将滑板后移，固定齿轮于相应缺口中，偏角则变小，耙深变浅。若上述调整耙深的方法仍未达到预定深度，则采用加配重量的方法。

3. 水平调整

对于前后两列的圆盘耙，是利用卡板和销子与主梁连接来防止前列两个耙组凸面上翘，使耙深变浅；后列的两个耙组凹面端是利用两根吊杆挂在耙架上，提高吊杆可调整凹面端入土深度（图1－16）。这样可在横向水平方向调整前后耙架的水平，纵向水平可改变牵引钩在牵引器上的不同孔位来进行调整。牵引钩下移，前列耙组耙深减小；反之前列耙组耙深增加。

（四）圆盘耙的技术状态检查

第一，同一耙组各耙片着地点应在同一直线上，偏差应小于 5 毫米；各盘间距应相同，偏差应小于 8 毫米。

第二，耙片无变形，刃口厚度不大于 0.5 毫米，但又不可过薄，以 0.3～0.5 毫米为宜。

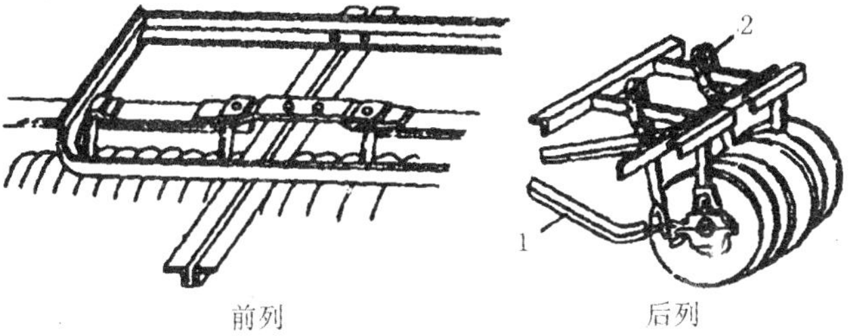

图 3-16　圆盘耙的水平调整

1. 后列拉杆　2. 吊杆

第三，架起耙架，检查耙组转动是否灵活自如，方轴应正直，耙片在其上不应晃动。

第四，耙架无变形、无开裂及开焊，各个紧固件不得松动。

(五)圆盘耙的保养与修理

1. 圆盘耙保养

每班作业后，应清除耙上的缠草。由于耙的紧固件易松动，所以每班必定要检查连接部分紧固情况，并予以拧紧。方轴螺帽最易松动，须留意检查，以免引起圆盘掉落或拉坏。若长时间不用，应将耙放在干燥的棚内，用木板垫起耙组，并在耙片表面上涂上防锈油，卸下载重箱。

2. 圆盘耙修理

(1)在车床上切削磨钝的耙片，将耙片用专用夹具卡在车床卡盘上，用顶尖支承专用夹具的另一端。切削时，应使耙片刃口角呈 37°，刃口厚度应有 0.3～0.5 毫米。切削时应该用硬质合金刀片。也可将耙片装于磨刃夹具上均匀地转动耙片，以免在砂轮上磨刃时使耙片退火。

(2)方孔裂纹的修理可用电弧焊进行修复，若裂纹严重，维修时可在方孔上加焊一个内方孔的圆铁盘。

(3)圆盘耙常见故障及排除方法见表 3-2。

表 3-2　圆盘耙常见故障与排除方法

故障现象	故障原因	排除方法
耙片不入土	1. 偏角太小	1. 增加耙组偏角
	2. 附加质量不足	2. 增加附加质量
	3. 耙片磨损	3. 重新磨刃或更换耙片
	4. 耙片间堵塞	4. 清除堵塞物
	5. 速度太快	5. 减速作业
耙片堵塞	1. 土壤过于黏重或太湿	1. 选择土壤湿度适宜时作业
	2. 杂草残茬太多,刮土板不起作用	2. 正确调整刮土板位置和间隙
	3. 偏角过大	3. 调小耙组偏角
	4. 速度太慢	4. 加快速度作业
耙后地表不平	1. 前后耙组偏角不一致	1. 调整偏角
	2. 附加质量差别较大	2. 调整附加质量使其一致
	3. 耙架纵向不平	3. 调整牵引点高低位置
	4. 牵引式偏置耙作业时耙组偏转,使前后耙组偏角不一致	4. 调整纵拉杆在横拉杆上的位置
	5. 个别耙组堵塞或不转动	5. 清除堵塞物,使其转动
阻力过大	1. 土壤过于黏湿	1. 选择土壤水分适宜时作业
	2. 偏角过大	2. 调小耙组偏角
	3. 附加质量过大	3. 减轻附加质量
	4. 刃口磨损严重	4. 重新磨刃或更换耙片
耙片脱落	方轴螺母松脱	重新拧紧或换修

二、水田耙及其使用维护与故障排除

播种插秧前的整地是对耕后地土壤所进行的再加工作业。为满足土壤松、碎、软、平的整地要求，并减少耙地次数，水田耙普遍采用两种或三种工作部件组成的复式耙。水田耙都采用悬挂式。耙深一般土壤要求在 10～14 厘米，黏重土壤为 14～17 厘米。为保证入土能力，水田耙应具有每米耙幅 100～120 千克的重量。

（一）水田耙的农业技术要求

机力水田耙主要用于春、夏耕后的碎土整地以及在双季稻地区直接耙未脱水的早稻茬地，以耙代耕。其农业要求可归纳如下：

（1）碎土起浆。使土块松碎，表层糊软。

（2）搅混肥料。使土壤与肥料均匀混合。

（3）平整地面。以保证田面灌水或放水一致。

（4）灭茬除草。一些双季稻连作稻区，栽培晚稻时，往往以耙代耕，将稻茬直接压入糊泥中，再将地整平，然后插秧。

（5）防止漏水。在砂性水田地区，要能充分搅拌土壤，使泥浆堵塞缝隙，起到防漏作用。

水田耙按动力分有从动型和驱动型两种，它们多为三点悬挂式，在水田内运转方便。为了满足水田整地松、碎、软、平的要求，并减少作业压实地面次数，降低作业成本，所以采用多种工作部件组合在一起。因此，水田耙多为复合作业耙，或称水田联作耙。系列水田耙有两列式、三列式等配置。两列式中前列为星形耙片组，后列为轧辊。三列式中前两列为星形耙片组，第三列为轧辊。

(二)水田耙构造

水田耙由耙组、轧滚和耙架(包括悬挂架)组成。星形耙组、缺口圆盘耙组和轧辊是三种常用的工作部件。根据地区和土壤条件的不同,可以组成两列和三列复式耙。水田耙的组成如图 3-17 所示。

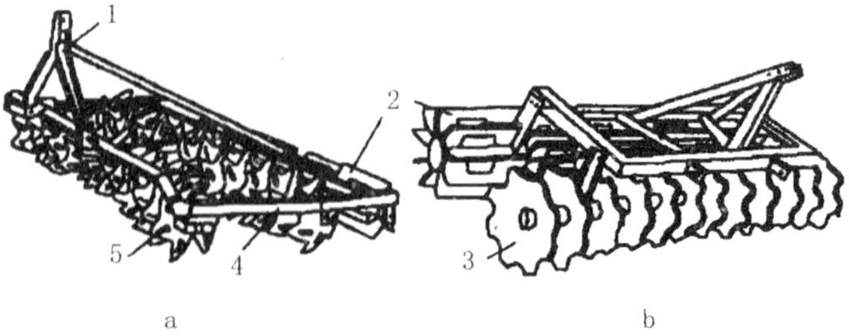

图 3-17　水田耙

a. 水田星形耙 b. 水田缺口圆盘耙

1. 悬挂架 2. 轧辊 3. 缺口圆盘耙组 4. 耙架 5. 星形耙组

(三)主要性能参数

1. 星形耙片和缺口圆盘耙片

耙片的直径越大,通过性越好,阻力也小,但机具质量相对较大,且耗材多、成本高,圆盘直径通常为 400～450 毫米。黏重土壤地区对耙深要求大些。圆盘曲率大,即曲率半径小,则翻土、碎土能力加强,但过强的翻土能力,会使土垡过多扭曲,覆土质量反而下降,阻力也增大,所以星形耙片曲率半径常取 210 毫米。系列水田耙星形耙片的基本参数见表 3-3。

表 3-3　系列水田耙星形耙片的基本参数

项目名称		尺寸代号	星形耙片	
耙片直径(mm)		D	400±3	450±3
耙片材料厚度(mm)		t	4	4
耙片中心方孔(mm)		a	61+0.5	61+0.5
平底部分直径(mm)		d	120	120
曲率半径(mm)		r	210	210
耙片曲率圆心距中心线距离(mm)		e=d/2	60	60
刃口曲线尺寸(展开图)	刃口半径(mm)	R	133	140
	偏心钜(mm)	Q	108	110
	齿形联接半径(mm)	r1	26	18
	齿形中心圆直径(mm)	D1	280	320
	星形齿数	n	6	6
刃口角		i	28°±2°	28°±2°
刃平面与其弦长夹角		w	70°±2°	68°±2°

2. 轧辊

轧辊直径大小是根据残茬高度和耙深决定的，一般为270～400 毫米。轧辊的基本参数见表 3-4。

表 3-4　轧辗的基本参数(NJ 154—77)

名称	尺寸代号	实心轧辊		空心轧辊		百叶浆
直径(mm)	D	280	360	280	360	280
轧片高度(mm)	h	89	120	110	150	89
轧片厚度(mm)	δ	4	4	4	4	4
轧片数	n	6	8	6	7	

(四)水田耙的使用与调整

1. 作业前技术状况的检查

检查各个紧固件的状况,并拧紧松动的连接螺栓;各转动部件应转动灵活,更换磨损严重的轴承;耙片刃口应锐利,并更换或修复损坏变形的工作部件;检查耙架有无变形,发现变形严重的应及时校正,否则耙深将会不一致,且易损坏其他工作部件。

2. 调试

进行田间试耙时,观察耙架、耙组的水平,以及耙深是否符合要求。在黏重土壤及覆盖碎土要求高的情况下,可调大偏角,耙的纵向及横向水平,分别用拖拉机上拉杆和左右提升杆来调整。

3. 水田耙常见故障及排除方法

水田耙常见故障及排除方法见表 3-5。

表 3-5 水田耙常见故障及排除方法

故障现象	故障原因	排除方法
拖堆积泥 不能正常工作	1. 田里水的深度不够	1. 再灌水
	2. 耙架不平,前低后高	2. 调长拖拉机上拉杆
	3. 偏角过大	3. 调小偏角
	4. 土垡浸水时间短,过于干硬	4. 增加浸泡时间
	5. 耙深过大	5. 调浅耙深
地耙不平	1. 耙架未调平	1. 调平耙架
	2. 偏角过大	2. 调小偏角

续表

故障现象	故障原因	排除方法
耙组不转动或转动不灵	1. 耙轴变形	1. 校正耙轴
	2. 轴承损坏	2. 更换轴承
	3. 堵塞	3. 清除堵塞物
稻茬不翻转	耙架前部过高	调平耙架，调短拖拉机上拉杆
耙深不足	1. 偏角过小	1. 调大偏角
	2. 耙片磨钝	2. 磨锐刃口
	3. 耙片上粘泥太多	3. 清除粘泥

第四节　旋耕机

旋耕机是一种用拖拉机动力驱动工作部件进行耕作的机具，能一次完成耕耙作业。其工作特点是碎土能力强，耕后地表平整，土壤细碎，土肥掺合好，减少拖拉机进地次数。目前，旋耕机在水田和菜田区已被广泛应用。但是，旋耕机功率消耗比铧式犁高，耕深较浅，覆盖质量差，不利于消灭杂草。

旋耕机有与手扶拖拉机、轮式拖拉机和履带拖拉机配套的各种型号。根据刀轴位置不同，可分为卧式和立式两种。我国生产的大多为卧式旋耕机。

一、旋耕机的构造

旋耕机主要组成见图 3-18。

(一)刀轴和刀片

刀轴和刀片是旋耕机的主要工作部件，刀轴上焊有刀座，刀座在刀轴上按螺旋线排列焊在刀轴上以供安装刀片。

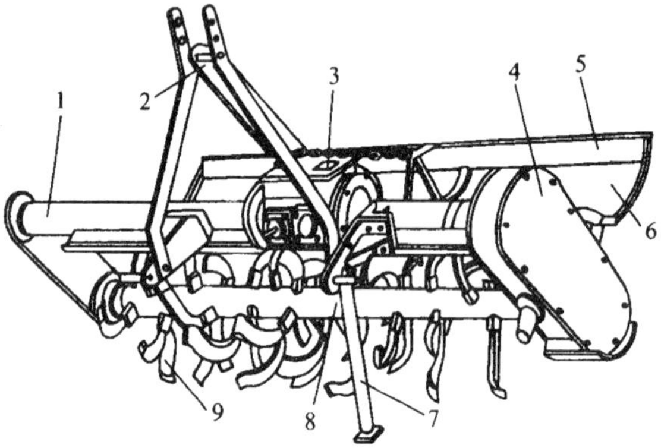

图 3-18 旋耕机的构造

1. 主梁 2. 悬挂架 3. 齿轮箱 4. 侧边传动箱 5. 平土托板 6. 挡土罩 7. 支撑杆 8. 刀轴 9. 旋耕刀

刀片(即旋耕刀)工作时,随刀轴一起旋转,起切土、碎土和翻土作用。在系列旋耕机上,旋耕刀片的形式都采用弯形刀片,有左弯和右弯两种(见图 3-19)。弯形刀刃口较长,并制成曲线形,工作时,曲线刀刃切土,因此工作平缓不易缠草,有较好的碎土和翻土能力。

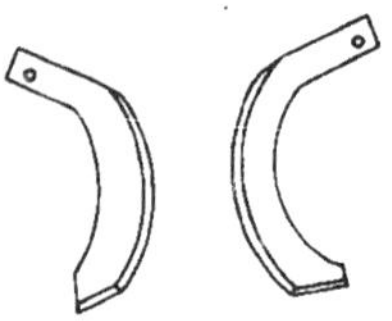

图 3-19 弯型旋耕刀

(二)传动部分

由拖拉机动力输出轴来的动力经万向节传给中间齿轮箱,再经侧边传动箱驱动刀轴回转。也有直接由中间齿轮箱驱动刀轴回转的。由于动力由刀轴中间传入,机器受力平衡,稳定性好。但在中间齿轮箱体下部不能装刀片，因此会有漏耕现象，可采用在箱体前加装小犁铧的办法来消除漏耕现象。

我国旋耕机系列，采用齿轮一链轮和全齿轮传动两种方式。

（三）辅助部件

旋耕机辅助部件由机架、悬挂架、挡泥罩和平地板等组成，其挡泥罩和平地板用来防止泥土飞溅和进一步碎土，并可保护机务人员安全，改善劳动条件。

二、旋耕机的工作过程

如图 3-20 所示，旋耕机工作时，刀片一方面由拖拉机动力输出轴驱动做回转运动，另一方面随机组前进做直线运动。刀片在转动过程中，首先将土垡切下，随即向后方抛出，土垡撞击到挡泥罩和平土拖板而细碎，然后再落回地面上，因而碎土较好，一次完成了耕、耙作业。

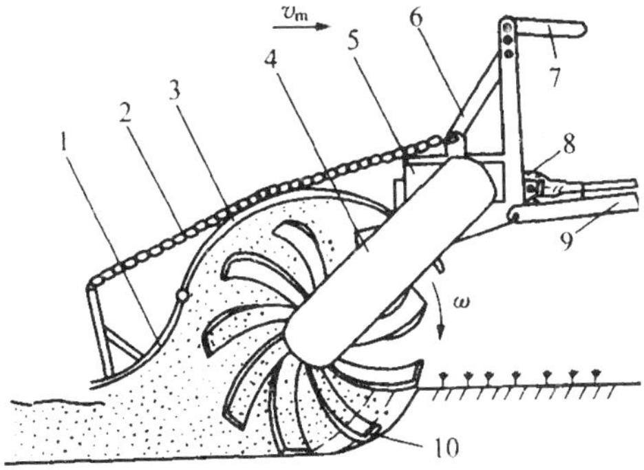

图 3-20　旋耕机工作过程

1. 平土拖板　2. 拉链　3. 挡土罩　4. 传动箱　5. 齿轮箱　6. 悬挂架　7. 上拉杆　8. 万向节　9. 下拉杆　10. 旋耕刀

目前，卧式旋耕机均采用正转方式作业，即刀轴的转动方向与拖拉机前进时轮子的旋转方向相同。旋耕机刀片切土时，刀片的绝对运动是由机组的前进运动和刀轴的回转运动所合成。为使机组正常工作，必须使刀片在整个切土过程中不产生推土现象，因此其绝对运动轨迹要求为余摆线。

余摆线形成如图 3-21 所示，设 O 为刀轴中心运动的起始位置，横坐标以机组前进方向为正，纵坐标以耕深方向为正，刀片回转方向与拖拉机驱动回转方向相同。

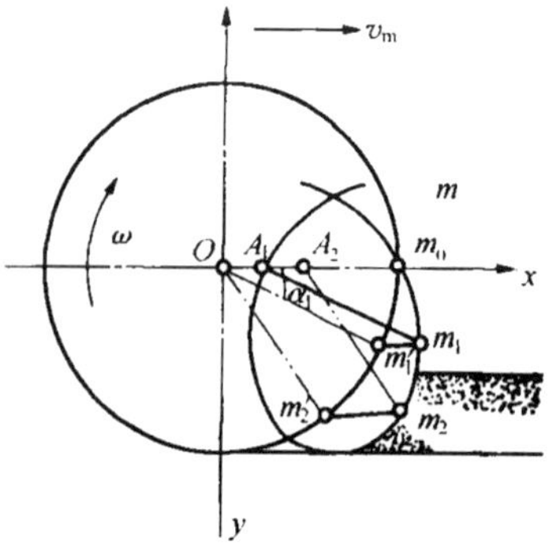

图 3-21　旋耕刀片端点运动轨迹

旋耕刀片端点运动轨迹曲线为一有绕扣的余摆线。要使刀片在整个切土过程中不产生向前推土现象，刀片从接地位置开始直至转到最下位置的任一点向后的水平分速度都应大于机组前进速度，这样刀片才能将土垡抛向后方。

旋耕机耕地时，由于刀片向后抛土，就有一个推动机器前进的力量，从而大大改善了拖拉机的牵引性能，可以充分发挥拖拉机的功率。

旋耕机的碎土性能与机组前进速度和刀轴转速有关。当刀轴转速一定时，机组前进速度越慢，碎土性能越好；反之，则碎土性能变差。

三、旋耕机的使用

(一)旋耕刀的安装方法

根据不同的农业技术要求,旋耕机刀片有左弯曲和右弯曲之分,可采用不同的安装方法。安装时,刀片的弯曲方向不同,地表就有不同的形状。一般有三种安装方法:交错安装、向外安装和向内安装(见图 3-22)。

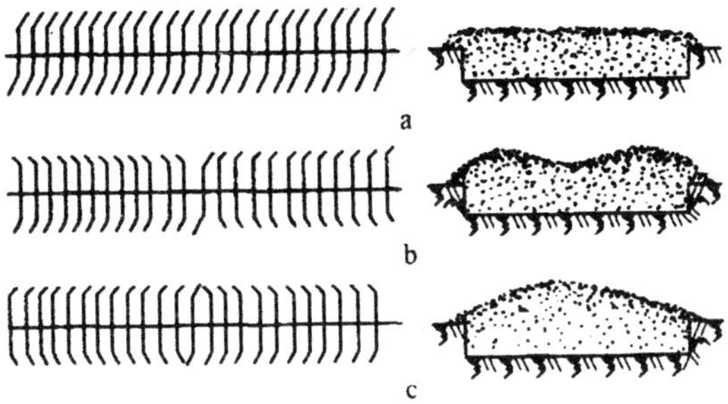

图 3-22　弯刀的安装方法

a.交错安装法 b.外装法 c.内装法

1. 交错安装

左右弯刀在刀轴上交错排列安装。耕后地表平整,适于耕后耙地或播前耕地,是常用的一种安装方法。

2. 向外安装

刀轴左边装左弯刀片,右边则装右弯刀片。耕后中间有浅沟,适于拆畦或旋耕和开沟联合作业。

3. 向内安装

刀轴左侧全部安装右弯刀片,右边则全部安装左弯刀片,耕后中间起垄,适于作畦前的整地作业。

安装时应注意使刀轴的旋转方向和刀片刃口方向相一致,

并进行全面检查。

(二)旋耕方法

旋耕机常用的有梭形耕法、套耕法和回耕法(见图 3-23)。

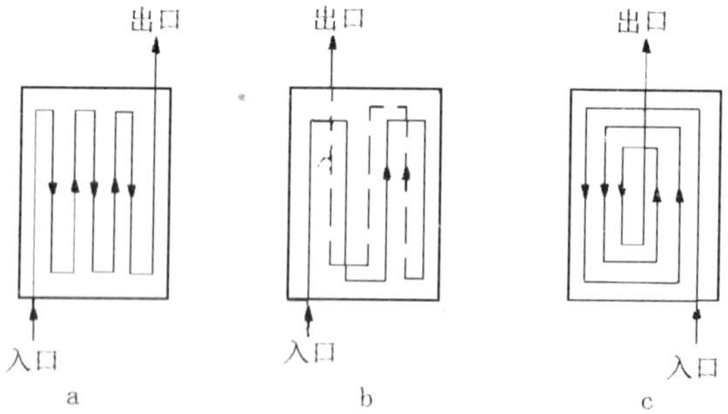

图 3-23　旋耕方法

a.梭形耕法　b.套耕法　c.回耕法

1. 梭形耕法

机组由地块的一侧进入，到地头转弯后紧靠第一趟往回耕，如此一行接一行地往返耕作(见图 3-23a)，最后耕地头。这种耕法优点是空行少，时间利用率高，不易漏耕。但要在地头转小弯，大机组不便于操作。

2. 套耕法

套耕的方法很多，如图 3-23b 所示为一种间隔套耕法。耕完一趟后留下一个耕作幅宽耕第二趟，以后再隔一个幅宽耕第三趟，如此直至耕完小区后反过来再耕留下的未耕地带。间隔套耕法可避免地头转小弯，操作方便，但空行较多，地头来回次数多，容易压实土壤，而且要求留下的未耕地宽度要准确，一般略小于耕幅，以免漏耕。

3. 回耕法

如图 3-23c 所示，由四周耕向中心，最后沿对角线将漏耕的地方补耕。回耕法的优点是操作方便，转弯小，工作效率高，适用于长方形大地块的耕作。转弯时应将旋耕机提起，防止刀片和刀轴受扭变形或损坏。

(三)旋耕机的使用注意事项

轮式拖拉机配用的旋耕机其耕深由液压系统控制。手扶拖拉机配套的旋耕机可通过改变尾轮的高低来调整，在小范围内调整时，可转动调节手柄。

旋耕机最大耕深受刀盘直径和机器前进速度的限制。刀盘直径大，耕深也就大；反之则小。当机器在前进速度减慢时，亦可增加耕深。目前，国产各类旋耕机耕深调整范围为12～16厘米。

旋耕机的碎土性能与拖拉机前进速度和刀轴转速有关。当刀轴转速一定时，减小拖拉机前进速度，碎土性好；反之则不好。在大型旋耕机上，改变拖板的位置也可改变碎土情况。用万向节传动的旋耕机，由于受万向节传动倾角限制，不能提升过高，在传动中如旋耕机提升高度过大，使万向节的倾角超过30°角，会引起万向节的损坏。旋耕时，应先接合动力输出轴，再挂上工作挡，在柔和放松离合器踏板的同时，使旋耕机刀片慢慢入土，并加大油门。禁止在拖拉机起步前先将旋耕机入土或猛放入土，以免损坏零件。

模块四　播种机械的使用与维修

播种机械就是以作物种子为播种对象的种植机械。用于某类或某种作物的播种机，常冠以作物种类名称，如谷物条播机、玉米穴播机、棉花播种机和牧草撒播机等。

第一节　播种机械概述

一、机械播种的农业技术要求

播种作业是农业生产重要环节之一，是农业增产的基础，所以播种机械应满足下述农业技术要求：

(1)因地制宜、适时播种、满足农艺环境条件。

(2)能控制播种量和施肥量，播种量准确可靠，行内播种粒距(或穴距)均匀一致。

(3)播深和行距保持一致，种子播在湿土中，覆盖良好，并按具体情况予以适当镇压。

(4)播行直、地头齐、无重播漏播。

(5)通用性好，不损伤种子，调整方便可靠。

二、播种机的分类和一般构造

在整个农业生产中，播种作业是机械化程度比较高的生产环节，所以播种机的种类也比较多，基本上可分为以下几种类型：

(1)按播种方法可分为撒播机、条播机、穴(点)播机。

(2)按播种的作物类型可分为谷物播种机、蔬菜播种机、棉花播种机等。

(3)按播种方式可分为垄播机、畦播机及育苗移栽机等。

(4)按所用动力可分为人力播种机、畜力播种机和机力播种机等。

(5)按工作部件的工作原理可分为机械式播种机、气力式播种机等。

农业生产工艺和技术的改进与提高,推进了作物种植方法和手段的改革,近年来保护性耕作、免耕播种、铺膜播种技术在我国农业生产中大面积推广应用。

第二节 常量小麦播种机

一、小麦播种机概述

对小麦播种机来说,其采用的都是条播的形式,目前有常量小麦播种机、少量播种机、精量播种机、免耕施肥播种机和旋耕播种机等类型。其中,常量小麦播种机是采用普通直槽轮式排种器,其排种量和株距(一行内麦粒之间的距离叫株距)都不是很准确;少量播种机多用小密齿型直外槽轮或螺旋细槽轮,这些排种器的排种量小于常量播种机的排种量,但排种的均匀性有了较大改善,也就是说,种子在行内分布比较均匀,株距比较一致,适合于播量较小的小麦播种;精量小麦播种机多采用锥盘式排种器,能达到单粒等距播种,使行距、株距和播种量都很精确;免耕施肥播种机主要用于有秸秆覆盖、有残茬的未耕地的播种,这种播种机的开沟器要有很强的入土开沟能力,可以切断茬根,保证将种子播在湿土里。

二、评价小麦播种机播种质量的标准

评价一台小麦播种机播种质量好坏的标准有以下几个方面：

(1)种子损伤率，指排种器排出种子中受挤压损伤的种子量占排出种子量的百分数，一般要求不高于0.5%，以免影响种子的发芽出苗。

(2)排种量稳定，且调整方便可靠，指排种器的排种量不随时间变化而保持稳定，并能根据播种日期的早晚和墒情的好坏等情况简便地调整播种量。

(3)播种均匀性好，指播种时种子在种沟内的分布均匀、株距一致。

(4)播种深度稳定，且能方便调整，指种子上面覆土层的厚度一致，不能有深浅不一的现象，以免影响种子出苗。播种深度还应能够进行调整，以适应土壤墒情等不同情况。

(5)行距一致，且各行排种量相同。

(6)在播种的同时进行施肥的，应保证肥料不烧伤种子。

(7)在播种覆土后，能根据需要进行适当镇压，以密切种子与土壤的接触，有利于干旱地区的种子吸水发芽。

三、结构

常量小麦播种机由机架、种子箱、肥料箱、排种器、排肥器、输种管、输肥管、开沟器、覆土器、行走轮、传动机构、开沟深浅调节机构和牵引装置等组成。本节以2BF－24型条播机为例进行介绍，其结构示意如图4-1所示。

该播种机的种子箱和肥料箱制成一体，中间用隔板分开；排种器采用外槽轮，排肥器采用水平星轮；输种管和输肥管共用一根管，种子和肥料落在同一处沟内。

2B F-24
24：可播24行小麦
F：施肥（F是肥的第一个汉语拼音字母）
2B：第二类农业机械里的播种机（B是播的第一个汉语拼音字母）

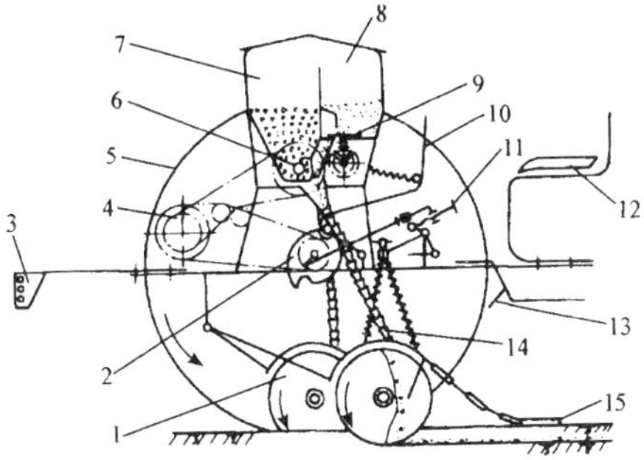

图 4-1　2BF—24 型牵引式条播机结构示意图

1. 开沟器 2. 升降机构 3. 牵引装置 4. 传动装置 5. 行走轮 6. 排种器 7. 种子箱 8. 肥料箱 9. 排肥量调节舌 10. 开沟器升降手柄 11. 深浅调节手轮 12. 坐椅 13. 刮泥刀 14. 输种(肥)管 15. 覆土器

四、工作过程

工作时，拖拉机牵引播种机行进，开沟器在土壤里开出种沟，地轮通过传动机构带动排种器和排肥器转动，将种子和肥料排出，并沿输种(肥)管落入开沟器开出的沟内，随后由覆土器覆土盖种，依据土壤墒情，确定是否使用镇压器压实土壤。

谷物条播机常用机具的行走轮驱动排种器，这样可使排种器排出的种子量始终与行走轮所走的距离保持一定比例，从而保证单位面积内的播种量。谷物条播机行走轮的直径较大，这是由于小麦、谷子等谷物条播的行距较窄，在一台播种机上有多行播种时，排种器常采用通轴传动，故需要较大的传动力矩。另外，直径较大的轮子可以减少转动时的滑移现象，使排种均匀度较好。

五、主要工作部件

小麦播种机的主要工作部件包括排种器、排肥器、开沟器、输种管和输肥管、覆土器、镇压器等。

(一)排种器

排种器是播种机的核心工作部件，是影响播种质量的主要因素。因此，对排种器的要求是排量稳定、排种均匀、不伤种子、调整简便可靠、适应性好。常量条播机多采用外槽轮式排种器，其结构如图 4-2 所示。

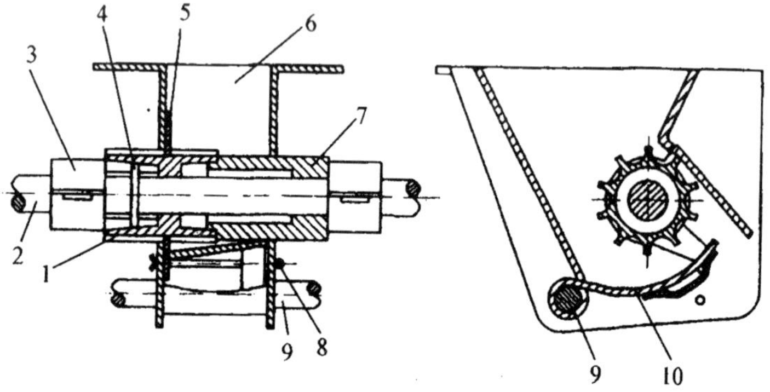

图 4-2　外槽轮式排种器

1. 外槽轮　2. 排种轴　3. 卡箍　4. 轴销　5. 挡圈
6. 排种盒　7. 阻塞套　8. 开口销　9. 排种舌轴　10. 排种舌

外槽轮式排种器主要由外槽轮、排种盒、排种轴、阻塞套、排种舌和排种盒挡圈等组成。排种轴通过传动链由地轮带动旋转；排种轮是周边均匀分布有 12～16 个半圆形凹槽的外槽轮，用轴销固定在排种轴上，并穿入排种盒。槽轮一端与阻塞套套接，另一端伸入内齿形挡圈；阻塞套活套在排种轴上，其外缘凸齿嵌入排种盒侧壁的切口，使阻塞套只能在轴上移动而不能转动。内齿形挡圈切口形状与外槽轮断面相吻合,以防止种子从侧壁流出,槽轮转动时,挡圈也一起转动。排种器两端的卡箍卡紧在排种轴上,以保证槽轮在排种轴上的工作位置。松开卡箍,调整槽轮在排种盒内的长度,可以调节排种量的大小。排种舌活套在排种舌轴上,调节它与槽轮的间隙可适应大小不同的种子。例如,播玉米、大豆等大粒种子时排种舌就放在最下面的位置,播小麦、高粱等中粒种子时放在中间位置,播谷子、菜籽等小粒种子时放在最上面的位置。

外槽轮式排种器的工作原理如图 4-3 所示。工作时,排种轴带动外槽轮转动,种子箱内的种子靠重力充满槽轮的凹槽,随着槽轮的转动,凹槽内的种子就被强制从排种盒下部排出,落入输种管里,然后掉到种沟里,随即被土覆盖。

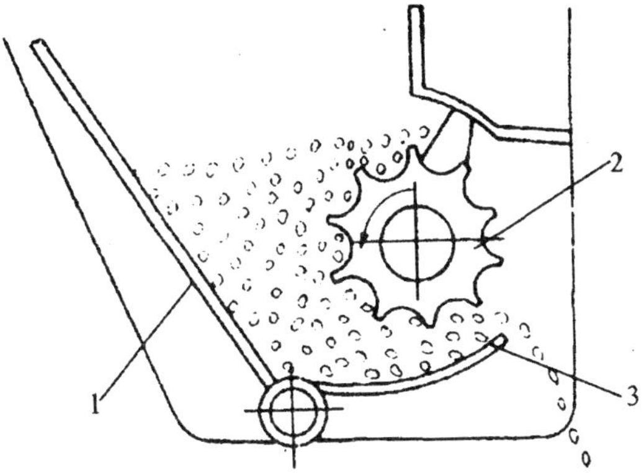

图 4-3　外槽轮式排种器的工作原理

1. 排种盒 2. 排种外槽轮 3. 排种舌

这种直槽式外槽轮排种量比较稳定,但排种有脉动性,导致种子在行内的分布不够均匀。为此有的播种机采用增加凹槽数量或使用斜槽,以改善其排种的脉动性。

（二）排肥器

在小麦播种机上也多采用外槽轮式排肥器，这种排肥器的结构与外槽轮式排种器相似，只是槽轮的直径较大而槽数较少。外槽轮式排肥器适应排施松散性好的颗粒肥，不适于排粉末状及潮湿性大的肥料。还有一些小麦播种机，采用水平星轮式排肥器，如图 4-4 所示。

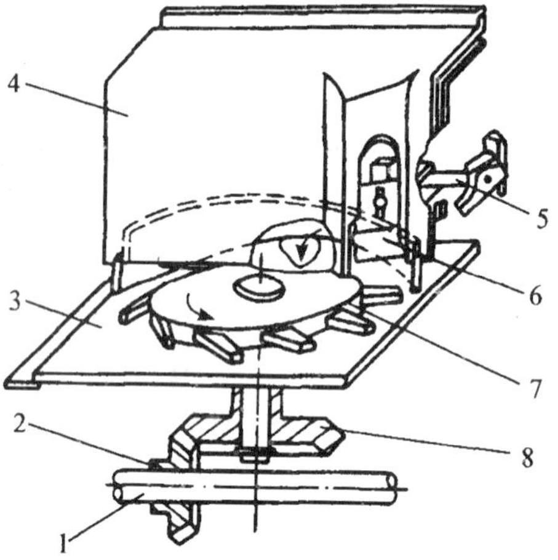

图 4-4　水平星轮式排肥器

1. 排肥轴 2. 主动锥齿轮 3. 肥料箱底板 4. 挡肥板
5. 排肥量调节轴 6. 排肥活门 7. 排肥星轮 8. 从动锥齿轮

水平星轮式排肥器主要由肥料箱、水平星轮、排肥活门、搅拌器和打肥锤等组成。工作时，排肥轴通过锥形齿轮带动水平星轮转动，肥料在星轮轮齿的拨动下，被强制随星轮一起旋转，经排肥活门、排肥口，落入输肥管。相邻的水平星轮转动方向相反，这样可以减轻肥料架空现象；打肥锤用来击落粘附在星轮轮齿之间的肥料，防止堵塞；搅拌器装在肥料箱内，通过转动，用来防止肥箱内的肥料架空；排肥口上方的活门开度可通过肥量调节手柄来改变开度大小，以调节排肥量。

水平星轮式排肥器对于干燥的晶体状化肥的排施性能较好；对于潮湿而流动性又差的肥料，适应性较差，易产生架空、断条现象。

(三)开沟器

开沟器的作用是开沟、导种入土和覆土。对开沟器的要求：开沟的深度和宽度符合要求；土层翻转少，不混淆干湿土，保证种子落在沟底的湿土上；开沟深浅能调节，并能随地面仿形，保证开沟深度一致；入土性能好，不易被杂草、湿土堵塞。

开沟器的类型，可按开沟器的运动形式来分，有滚动式和移动式两类。滚动式的有双圆盘式和单圆盘式；移动式的有锄铲式、箭铲式、靴式、芯铧式和滑刀式等。在小麦播种机上采用的有双圆盘式、单圆盘式、锄铲式和箭铲式等。

(1)双圆盘式开沟器。其构造如图 4-5 所示，由一对平面圆盘、内外锥体、轴、开沟器体和导种板等组成。

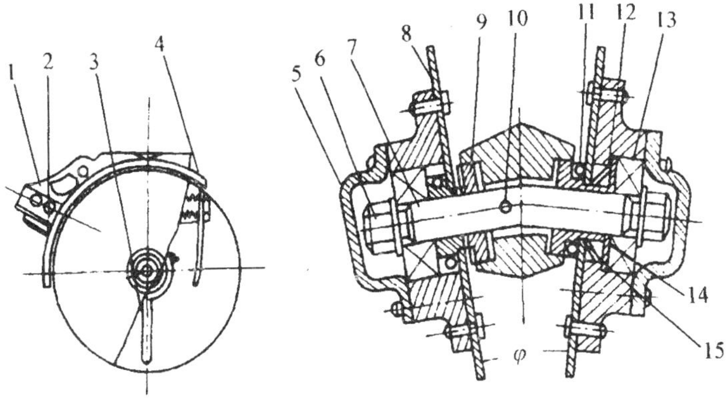

图 4-5 双圆盘式开沟器

1. 开沟器体 2. 圆盘护板 3. 分土板 4. 导种板 5. 圆盘盖 6. 螺母 7. 圆盘轴 8. 圆盘 9. 轴承内挡 10. 圆柱销 11. 防尘圈 12. 密封圈 13. 轴承 14. 防尘圈座 15. 轴承垫圈

双圆盘式开沟器的工作由两个倾斜的平面圆盘来完成，两平面圆盘呈 9°～14°角，在前下方相交。工作时，两个圆盘受土壤阻力作用而滚动前进，切开土壤并推向两侧，形成种沟，排种器排出的种子落在其中。随后圆盘逐渐从土中转出，沟壁下层的湿土先落下覆盖种子，上层干土再进一步覆盖。

双圆盘式开沟器开沟阻力小，不易挂草堵塞，利于高速作业，但质量大、结构较复杂、价格较高。

(2)锄铲式开沟器。其构造如图 4-6 所示，主要由拉杆、开沟器体、开沟铲和反射板等组成。

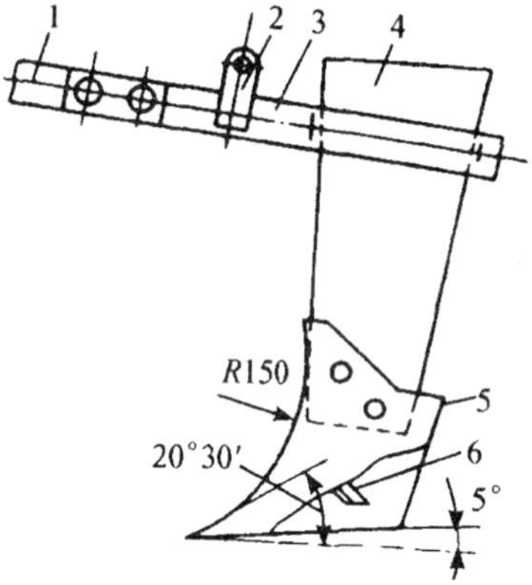

图 4-6 锄铲式开沟器

1. 拉杆 2. 弹簧压杆座 3. 夹板 4. 开沟器体 5. 开沟铲 6. 反射板

开沟器工作时，开沟铲以锐角入土，先将土壤向前推壅，在开沟铲前形成土丘，而后铲壁将土丘向两侧推挤，分开成沟。种子沿中空的开沟器体落下，由反射板导种向两侧分散，可使苗幅宽度达 5～6 厘米。铲翼侧板的后边线为斜边，以保证湿土先落入种沟而覆盖种子。锄铲式开沟器结构简单，入土性能强，开沟阻力小，苗幅较宽，但在工作中易挂草粘土，开沟深度不稳定，多用于小型播种机上。

(3)箭铲式开沟器。主要由箭形开沟器体、后踵、导种管和开沟器立柱等部分组成，其构造如图 4-7 所示。

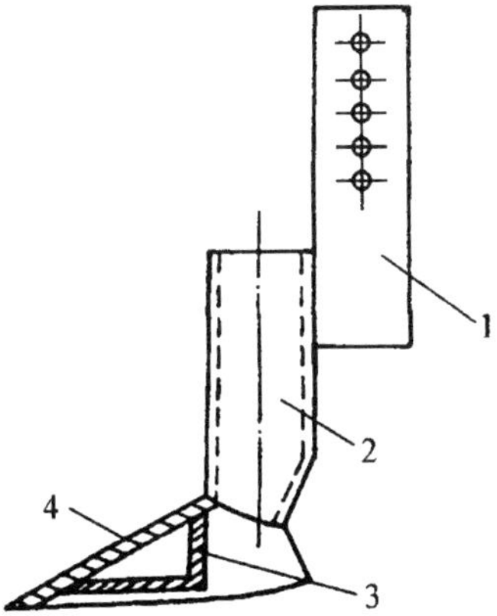

图 4-7　箭铲式开沟器

1. 立柱 2. 导种管 3. 后踵 4. 开沟器体

箭形开沟器体的铲面外角和张角小，体形窄，开沟时对干湿土壤的翻转掺和少，使种子埋入湿土内，利于保墒出苗；由无缝钢管制成的导种管强度好，制造工艺简单，阻力小；后踵起挤压沟底的作用，使沟底平整坚实，利于土壤下层水分上移，并能防止开沟器腔管的堵塞；开沟器立柱是支撑臂，能满足开沟深度调节的需要。

当播种机作业时，箭铲式开沟器扎入土层，潜入地下，随着机组的不断前进，开沟器将土层轻轻抬起，土流绕开沟器导管向后流出，直接覆盖沟底的种子。在开沟器工作过程中，种子完全被湿土掩埋，加之沟底坚实，利于种子发芽，出苗效果好。

(四)输种管和输肥管

输种管和输肥管的作用是将排种器和排肥器排出的种子、肥料引导到开沟器开的沟内，其上端与排种器、排肥器连接，下端插入开沟器内。由于开沟器在工作中需经常升起和降落，因此，要求输种管和输肥管能自由弯曲和伸缩，下部能前后摆动，并有足够大的内径面积，以保证种、肥畅通无阻。

常用的输种（肥）管有漏斗管、卷片管、波纹管和直胶管四种，如图 4-8 所示。

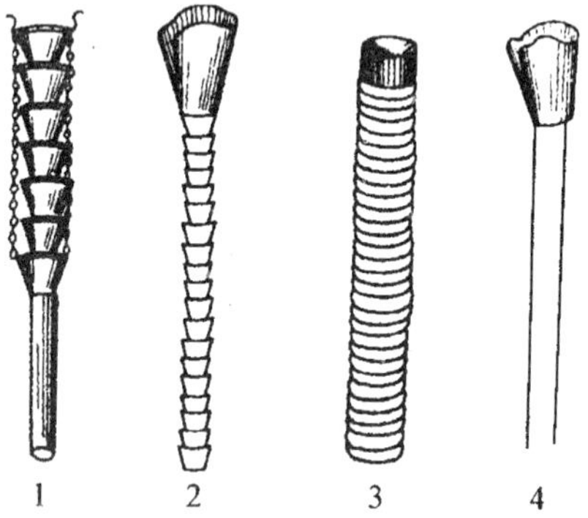

图 4-8 输种管和输肥管

1. 漏斗管 2. 卷片管 3. 波纹管 4. 直胶管

漏斗管是由一些金属漏斗用链条连接而成，结构复杂，但伸缩性能好，工作时各漏斗间可相对摆动，不易堵塞，主要用于输肥。

卷片管用弹簧钢带卷辗而成，结构简单，质量小，弯曲和伸缩性能好，但造价较高，过度拉伸后难以恢复，会形成局部的漏缝。

波纹管是在两层橡胶或两层塑料之间夹有螺旋性弹簧钢丝，其弹性、伸缩性和弯曲性较好，下种可靠，但造价高。

直胶管结构简单，多用橡胶制作，成本较低，内壁光滑，但伸缩性较差，弯曲时容易折扁。

（五）覆土器

覆土器的作用是对播在沟里的种子进行覆土，小麦种子的覆土厚度一般为 3～5 厘米。具体的覆土厚度可根据土质、墒情和种子大小等情况而定。

覆土器的类型有链环式、拖板式和刮板式等，如图 4-9 至图 4-11所示。为了不使覆土器跳动，可以增加配重或用弹簧加压。

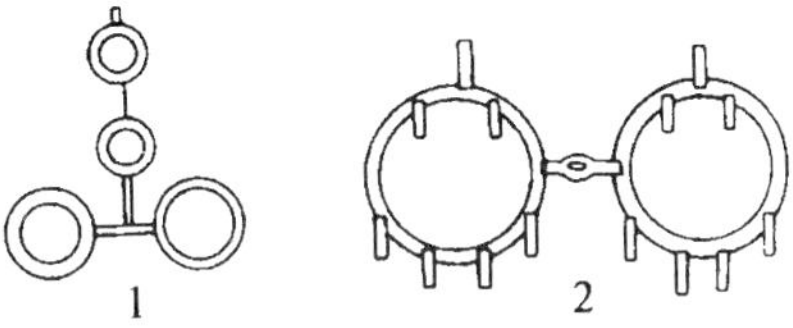

图 4-9 链环式覆土器

1. 小拖环 2. 大拖环

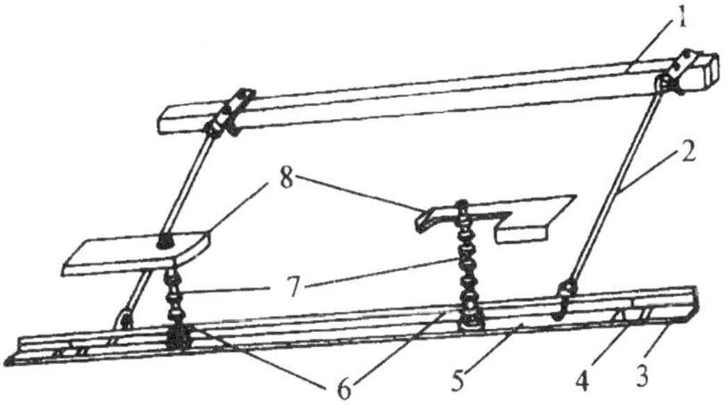

图 4-10 拖扳式(一字式)覆土器

1. 主梁 2. 拉杆 3. 右接长板 4. 连接板

5. 拖板 6. 压杆 7. 弹簧 8. 踏板

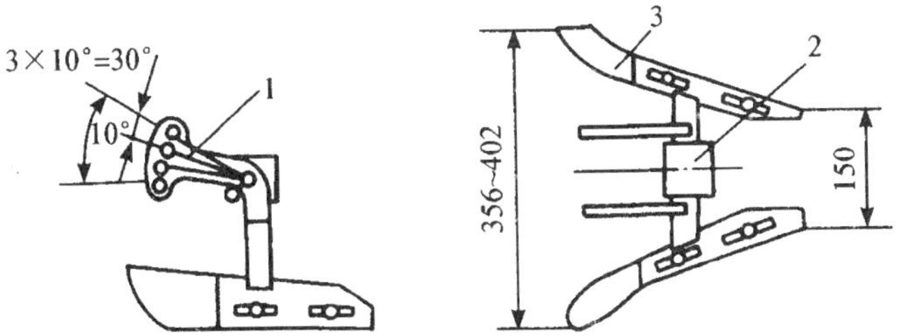

图 4-11 刮板式覆土器

1. 调节板 2. 配重 3. 左、右覆土板

(六)镇压器

播种后进行镇压,可以使种子与土壤紧密接触,有利于种子吸收土壤中的水分而顺利发芽。在干旱和多风地区,在播种后

进行及时镇压，是保证出全苗的有效措施。

图 4-12 是常用的镇压轮的类型。镇压轮可以用钢或橡胶制成，有整体式、剖分式和双轮式之分，轮辋形状有平面、凸面和凹面三种类型。

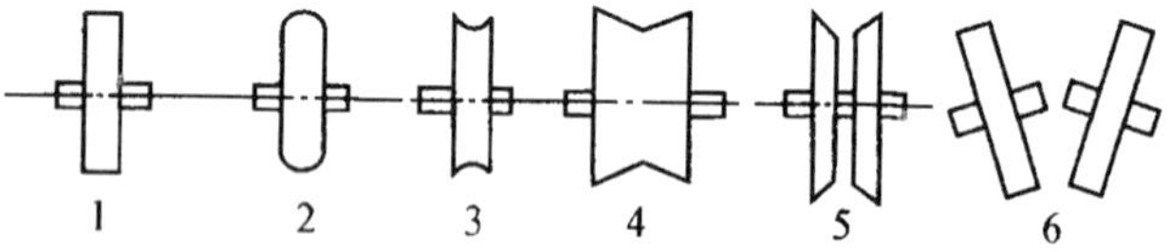

图 4-12 镇压轮

1. 平面整体式 2. 凸面整体式 3、4. 凹面整体式

5. 凹面剖分式 6. 双轮式

平面镇压轮结构简单，应用较广。

凸面镇压轮对种子上方土壤的压密作用强，使种子与土壤密接，防止透风，利于保墒，适用于干旱多风地区。

凹面镇压轮从种行两侧压密土壤，而使种行上方的土层较松，以利于种子出苗，适用于土壤含水率较高地区和播种幼苗不易出土的棉花、花生等作物。

凹面剖分式和双轮式镇压轮不仅具有凹面镇压轮的特点，而且工作中不易粘土。

有的播种机上，常将覆土器和镇压轮连成一体，成为覆土镇压器。

六、播种机的调整与使用

（一）开沟器的安装与调整

根据行距的要求，从播种机的中心线开始，依次分两排安装前、后开沟器，并调整好开沟深浅调节装置，保证各开沟器开沟深度一致。可以通过田间的试播来验证开沟深度是否符合要求。具体的检查方法：在已播种覆土的行上，扒开覆土直到露出种子，然后用尺子测量种子到地表面的深度，测量每个开沟器行内的5个点，以确定播深是否符合误差的范围（当规定播深为3～4厘米时，实际播深的偏差不应超过＋0.5厘米；当规定播深为4～6厘米时，实际播深的偏差不应超过＋0.7厘米；当规定播深为6～8厘米时，实际播深的偏差不应超过＋1厘米）。

（二）划印器长度的计算

在播种机上安装划印器，是为了保证邻接机组在往返行程中仍然能够使邻接行距准确。划印器多为悬臂式，是由一个长度可调的直杆和一个能划出浅沟的球面圆盘构成，可以在未播种的地面上划出一条浅沟，供拖拉机驾驶员在下一行程时作为行进的标记。

划印器的长度与播种机在播种时的行走路线和对印目标有关。播种机作业时的行走路线有梭形播法、套播法、向心播法和离心播法，如图4-13所示。

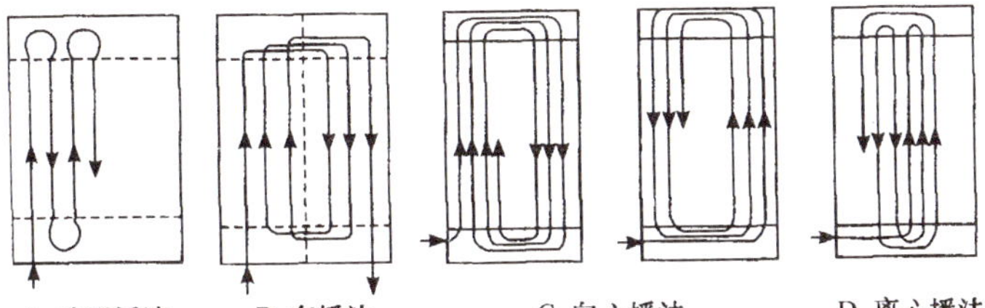

图4-13　播种机行走路线

梭形播法：机组沿一侧进地，依次往返穿梭到地块的另一侧，最后播地头。这种播法较简单，不易漏播，实际播种中多采用此法，缺点是地头转弯的时间较长。

套播法：播种前将大地块分成双数等宽的播种小区，小区宽度应为播种机工作幅宽的整数倍，然后跨小区进行播种，此法机组不用转小弯，容易操作。

向心播法（又可称回形播法）：机组从地块一侧进入，由外向内一圈圈绕行，到地块中间播完。机组可以采用顺时针绕行或逆时针绕行。

离心播法：机组从地块中间开始由内向外绕行，可以采用顺时针绕行或逆时针绕行。

向心播法和离心播法地头空行少，但播前需将地块分成宽度为机组工作幅宽整数倍的小区。

(三)播种量的调整

播种量的调整分为各行排种器的排种量一致性的调整、田间总播量的校核。首先，应对播种机进行各行排种器排种量一致性的调整和播前总播量的调整。这两项工作可以在机库或场院内一起进行。

(1)机具准备。按照所播种子的大小选定排种间隙，并初步选定排种槽轮的工作长度；将播种机水平架起，使地轮离开地面而悬空；在种子箱内加入一定量的种子(要保证排种器在试验过程中能够有充足的种子可排)；转动地轮使各个排种器内充满种子，然后在各个排种器下面接上写有编号的小布袋。

先检查各个排种器排出的种子量是否一样(也就是检查各行排种器的排种量是否一致，如果不一致，则要调整到一致)，然后才能进行总播种量的播前调整。

(2)各行排种器排种量一致性的检查。以接近播种机作业时的行走速度转动地轮10～20圈，然后解下各个排种器下面的接种布袋，依次放到天平上称重，计算出单个排种器的平均排种量，要求每个排种器的实际排种量与平均数的差距在3%以内，对超过这一限量的排种器进行单个工作长度的调整，然后再进行试验，直到每个排种器的排种量都接近一致为止。

(3)播种量的田间校核。由于上述调整播种量不是在田间，试验条件与田间不一致，所以在正式大面积播种之前，还应进行播种量的田间验证，通过实地进行播种，来检查播种量是否达到了规定的要求，然后才能进行大面积正式播种作业。

(四)播种机使用前的准备

(1)播种机与拖拉机的挂接。播种机在播种作业时应该保持机架前后、左右都水平,从而保证开沟器开沟深度一致、排种(肥)正常。牵引式播种机可通过改变牵引点的高低位置,保证播种机作业时机架前后是水平的。通过调节播种机左右两地轮的高度可以使播种机作业时保持左右水平。

悬挂式播种机可通过改变拖拉机悬挂上拉杆的长度,保证播种机前后水平。播种机的左右水平可通过改变拖拉机悬挂右吊杆的长度来调节。

(2)对播种机上需要润滑的部位加注润滑油。检查传动机构的齿轮、链轮啮合情况,确保转动部件运转灵活,无卡滞现象。裸露的齿轮、链轮、链条处禁止涂抹润滑油,以免粘上尘土,导致加剧磨损。

(3)检查紧固件是否紧固牢靠,未拧紧的要柠紧。

(4)检查开沟器的排列、间距、运输间隙是否正确。

(5)种(肥)箱内不能有杂物,以免损坏排种(肥)器。所用的种子和肥料必须清洁,肥料结块应击碎。

(6)按照机具使用说明书的要求,调整各工作部件及结构,使播种机达到良好的技术状态。

(五)播种机使用中的注意事项

(1)根据地块情况,选好行走路线。画好地头开沟器的起落线,地头线的宽度一般应取播种机工作幅宽的 3～4 倍,以便最后播地头时减少重播或漏播。

(2)播种时应保持直线匀速行进,中途尽量避免停车。如必须停车,再次启动时要先将开沟器升起,后退 1 米左右,方可进行播种作业,以免造成漏播。

(3)农具手在播种作业时,要经常观察播种机各部分的工作是否正常。特别要注意排种(肥)器是否正常工作,输种(肥)管有无堵塞,种(肥)箱内的种子、肥料是否足够,划印器工作是否正常，开沟器有无挂草堵塞等。发现问题，应立即向拖拉机手发出信号，停车进行解决。工作部件和传动部件粘土或缠草过多时，应停车清理。种肥箱内的种子和肥料不要全部播完，至少应保留足以盖满全部排种器、排肥器，以防断播。

(4)地头转弯时，要升起开沟器，减速缓行，以免损坏机具。

(5)机具与具有力调节、位调节液压悬挂机构的拖拉机配套时，应注意：作业时禁止使用力调节，以免损坏机具；工作时，使用位调节，必须将力调节手柄置于“提升”位置。机具下降，位调节手柄向下方移动，反之机具上升。机具达到所需深度后，用定位装置将位调节手柄挡住，以利于机具每次下降到同样的深度。

机具与具有分置式悬挂机构的拖拉机配套时，应注意：工作时，分配器手柄置于“浮动”位置。机具入土到适当深度时，定位卡箍挡块固定下来。机具下降后，不可使用“压降”位置，以免损坏机具。下降或提升机具时，手柄向下降或提升方向移动，达到要求位置。不要在“压降”和“中立”位置停置。

(6)播拌药的种子时，接触种子的人员应戴口罩和手套等防护用具。播后的剩余种子要妥善处理，以防中毒和污染环境。

(六)播种机的班次维护

每班工作(8～16 小时)结束后，应进行以下维护。

(1)彻底清除传动机构、排种器、开沟器和机架等部位的泥土、杂草，以便检查各部位的技术状态。

(2)检查各部件是否有变形、损坏等，若有要及时修复或更换。

(3)检查排种轮卡箍、开沟器拉杆固定螺栓等紧固部位的紧固情况，若有松动应及时拧紧。

(4)检查和润滑所有传动机构和转动部件，必要时进行调整或修理。

(5)及时清理种(肥)箱里的剩余种肥，防止腐蚀机件。

(6)盖严种箱和肥箱，必要时用苫布遮盖，防止杂物和受潮。

(7)落下开沟器,将机体支稳。

(七)播种机的保管

播种作业完全结束后,机具要放置很长时间,到下个作业季节时才能使用,做好机具的保管工作,对延长机具的使用寿命有重要意义。为做好机具的保管工作,要注意以下几个方面:

(1)清除机具上的泥土、油污以及种子箱和肥料箱内的种子、肥料。

(2)拆下开沟器、齿轮和链轮等易磨损零件,清除尘土、油污,对损坏零件进行修理或更换。对易锈部位涂上防锈油,然后装复或分类存放。

(3)清洗轴承和转动部件,在各润滑部位加注足够的润滑油。

(4)对脱漆部位要重新涂上防锈漆。

(5)放松链条、胶带和弹簧等,使之保持自然状态,以免变形。

(6)将开沟器支离地面。将机具停放在干燥通风的库内。塑料和橡胶零件要避免阳光和油污的侵袭,以免加速老化。

七、常见故障原因与排除

播种机在使用过程中难免要出现故障,现将播种机在使用中的常见故障及排除方法归纳如下。

(一)漏播

漏播播种机漏播故障原因及排除方法见表4-1。

表4-1　漏播故障原因及排除方法

故障原因	排除方法
输种管堵塞脱落	经常检查排除
输种管损坏	修理或更换
土壤湿黏,开沟器堵塞	在适合条件下播种
种子不干净,堵塞排种器	将种子清选干净

（二）播深不一致

播种机播种播深不一致故障产生原因及排除方法见表4-2。

表4-2　播深不一致故障原因及排除方法

故障原因	排除方法
播种机机架前后左右不平	与拖拉机正确挂接，调平机架
各开沟器安装位置或调整不一致	安装调整一致
播种机机架变形，有扭曲	校正变形

（三）行距不一致

播种行距不一致故障原因及排除方法：一是开沟器配置不正确，此时应正确配置开沟器；二是开沟器固定螺丝松动，应重新紧固以排除故障。

（四）播量不一致

播量不一致故障原因及排除方法见表4-3。

表4-3　播量不一致故障原因及排除方法

故障原因	排除方法
地面不平，土块太多	提高整地质量
排种轮工作长度不一致	正确调整排种轮工作长度
排种舌开度不一致	调整排种舌开度，并使各行保持一致
播量调节手柄固定螺丝松动	重新紧固在合适位置

（五）双圆盘开沟器堵塞、壅土双圆盘开沟器堵塞、壅土

双圆盘开沟器堵塞、壅土双圆盘开沟器堵塞、壅土故障原因及排除方法见表4-4。

表 4-4　双圆盘开沟器堵塞、壅土故障原因及排除方法

故障原因	排除方法
圆盘转动不灵活	增加内外锥体之间的垫片
圆盘左右晃动而张口	减少内外锥体之间的垫片
开沟器内导种板与圆盘的间隙过小	调整间隙
地面不平，作物残茬过多	提高整地质量，消除地面残茬
开沟器未提升前就倒车	提升开沟器后再倒车
土壤湿度过大	控制播种时的土壤湿度

(六)邻接行距不正确

出现邻接行距不正确的故障原因及排除方法：一是划印器臂长度不对，要及时校正划印器臂的长度；二是机组行走不直，应要求驾驶员严格走直。

第三节　精量小麦播种机

精量播种(又可称精密播种)是与普通播种的粗放性相比较来说的，在播种量、行距、株距和播深等方面都比较精确。比普通播种的播种量要少，在保证个体发育的田间光照及养料充足的前提下，实现个体的健壮成长，使得成穗足且大、果穗粒多而重，从而实现高产。

虽然采用精量播种可以节约用种量，但是精量播种也需要一定的条件，否则会达不到节约成本、增加产量的目的。

一、精量播种机械的使用与调整

(一)播种前的准备工作

为了顺利地进行播种作业和确保播种质量，在播种前必须做好准备工作，包括播种地块的准备、种子的准备、播种机工作

前的检查和准备以及播种机组的联结。

1. 田间准备

(1)按照地块情况确定机组编组情况，当地块小而分散、道路条件较差时，采用单台联结方式，而当地块大而集中、道路规划较好时，可以联结两台或多台播种机进行作业。

(2)根据地块和机组情况确定机组田间运行方式，并按其要求合理区划田块。

(3)确定加种、加肥地点。根据地块长度，计划播种量和施肥量，播种机的工作幅宽和种子箱、肥料箱的容积，计算出加种加肥地点。即先计算出每一往返行程播种量和施肥量，再根据种子箱、肥料箱容积，确定几个往返行程加一次种肥较好，并根据往返次数计算每台播种机应加种子重量和肥料重量。

为了提高工作效率，保证播量准确，应采用定点放种、定量装袋和往复核对。加种点的位置一般设在地头一端。地块较长、播种机种子箱容种量不足一个往返行程时，也可采用地两头加种。

(4)标记地头线(起落线)。地头留地宽度根据机组类型(牵引式或悬挂式)、运行方法和机组工作幅宽而定，但应为机组工作幅宽的整数倍。通常采用梭形播法时，对于牵引机组地头宽度为工作幅宽的 3～4 倍，对于悬挂机组为 2～3 倍，而采用离心或向心播法时，牵引机组为 2 倍，悬挂机组为 1～2 倍。

为了在准确地点及时起落开沟器，以使地头整齐，防止重播或漏播，应在地头宽度处用专用工具或犁划两条相距 1.5 米的浅沟，也可利用拖拉机驱动轮压出两条印痕，作为起落基准。

(5)在第一行程线上设立标杆，保证机组行驶的直线性。

(6)清理田间障碍物。暂时不能清理的，应做标记，以保证播种质量，防止发生意外。

2. 种子准备

应根据条件选择良种。根据播种任务大小准备足够数量的种子，并对所用种子进行清选、药剂处理和发芽率试验，确保苗全、苗齐、苗匀、苗壮。根据粒形大小和排种器要求进行精选、分级和丸粒化处理。

3. 播种机的连接

一台播种机与拖拉机连接时，应使两者中心线对正，且使播种机前后、左右保持水平状态。多台播种机与拖拉机连接作业时，应使播种机左右对称，前后、左右保持水平。

4. 播种机工作前的检查和准备

为了确保播种机正常工作，工作前应对整机和各工作部件进行详细检查，对各紧固件应加以紧固，变形件应予以校正，损坏件应修复或更换，各润滑点注满润滑油。此外，还应按使用说明书中的要求和方法调整各工作部件及结构，使其达到良好的技术状态，满足农艺所要求的播量、行距、株(穴)距和播种深度。具体的检查方法如下：

(1)检查播种机所有回转部件是否转动灵活。在新机器上这些部分还没有磨合，所以工作初期需特别细心地注意它们的润滑。

(2)检查各紧固件是否拧紧，未拧紧的要拧紧。

(3)检查播种机与拖拉机的挂接是否正确。播种机的中心应对准拖拉机中心，并按正确的连接方式和位置进行挂接，保证播种机的仿形能力。挂接后播种机处于作业状态时，应左右、前后保持水平，牵引式播种机可通过播种机牵引装置来调节；悬挂式播种机可通过上下悬挂杆进行调节。播种机作业时，应将拖拉机液压操纵杆放在“浮动”位置。

(4)检查传动机构的齿轮啮合间隙是否正确。

(5)检查播量调节杆,使调节杆能灵活移动,不得有滑动和空移现象。

(6)检查开沟器的运输间隙。该间隙应大于100毫米。开沟器起落时,传动装置应能迅速地接合或分离。

(7)检查开沟器排列、间距和排种器安装是否正确。

(8)检查全部排种器是否都能自由地回转,而且调整轻便。

(9)开沟器上应套有防尘盖,以防尘土落入。

(10)播种机到达地头后种子才装入种子箱,以防止影响播种机的运输通过性。

(11)种子装入种子箱前,应检查一下种子箱内是否遗留有工具或其他东西。这些东西会在播种中破坏排种器。

(12)将地块整平耙细,达到播种的农业技术要求。

(13)根据播种机排种器对种子形状、尺寸的要求,对所播种子进行清选、分级、药剂处理和发芽试验。

(二)播种机工作时的注意事项

(1)作业过程中应随时检查播量、播深、行距(尤其是邻接行)、株(穴)距是否符合农艺要求。播完一块地后,应根据已播面积和已用种子,核对播量是否符合要求。

(2)注意经常观察精少量播种机各部分的工作是否正常,如开沟器的入土深度是否合适,导种管是否插在开沟器里,圆盘是否正常转动及是否向前壅土等,尤其是看排种器是否排种,输种管是否堵塞,种子和肥料在容箱内是否充足。如发现问题,应及时解决。

(3)播种机在作业过程中不能倒退,否则会引起开沟器拉杆、吊杆、机架甚至种子箱损坏。

(4)地头转弯时应降低速度,必须在转弯之前提升开沟器,不允许带着落下的开沟器转弯,而应在直线行进当中就提升开沟器，即在划好的地头线处及时起落。禁止拐小弯，以防损坏地轮轴和连接架。

(5)作业中应尽量避免停车，以防止起步时造成漏播。如果必须停车，再次起步时要先将开沟器升起，后退0.5～1米，方可重新播种。

(6)播种过程中，应注意不要使种子箱内种子全部用光。种子箱内应该常保留足以盖住排种器的种子，因而应及时在地头加种。

(7)播完一块地，必须认真清理种、肥箱中的种子和肥料，以免混杂。在转移地块时，必须升起开沟器、覆土器，种子箱和肥料箱不再盛装种子和肥料。

(8)在精量播种机行进中，禁止调整机上的工作机构、紧固螺栓、润滑机件。如果要清除排种器或开沟器上的杂物、泥土、杂草，应用木杆或专用工具进行，严禁用手直接清理；如果工作过程中机具出现故障，应停机后再进行排除。

(9)播种机组长时间停留时，要放下开沟器，使机架减轻负荷，防止机架长期受力而变形。

(10)播种机组在长途转移时，机上严禁站人、放置重物。如果通过村庄、十字路口等人较多的地方，随行人员要在后面护行，以确保安全；如果播种机组幅宽较大，应根据当地交通管理部门的规定运输。

(11)播种机必须按上一行程所划印迹行驶。

(12)按地头线起落开沟器和划行器。

(三)播种机工作质量的检查

播种机工作后，应对其工作质量进行检查，以评价播种满足农艺的效果。

1. 条播时播种量检查

方法有以下几种，可根据具体情况配合使用。

(1)利用排种槽轮工作长度样板，检查槽轮以外为排种器的播种机与各槽轮工作长度是否一致，工作中有无变化，来检查播种过程中播量变化与否。

(2)根据已播地面积和已经消耗的种子量计算实播的播种量，与按农艺要求确定的计划播种量进行比较，看是否一致。

(3)确定每米内落粒数是多少。然后计算农艺要求播种量的每米落粒数(计算方法见精少量播种机械的一般调整)。将两者对比，看其是否一致。

2. 播种深度检查

播种深度是播种质量的重要方面，播后应对其检查，看其是否符合农艺要求。检查时，按地块四角的对角线方向选点测量，测点数应大于 10 个。将测量结果取平均值，并令其与农艺要求的播种深度比较，当偏差不超过下述范围时，播深即符合要求。

(1)规定播深为 3～4 厘米时，偏差不应超过±0.5 厘米。

(2)规定播深为 4～6 厘米时，偏差不应超过±0.7 厘米。

(3)规定播深为 6～8 厘米时，偏差不应超过±1 厘米。如果播种深度的偏差超过规定值时，即为不符合要求，应重新调整开沟器的入土深度和镇压量、覆土量。

3. 行距检查

扒开已播的相邻两行种子上的覆土，到种子外露为止，再用直尺测量两行苗幅(种子分布宽度)中心距，与要求值核对。要求同一机组内相邻两台播种机邻接两行行距的误差不应超过±1.5厘米，相邻两行程之间邻接两行行距的误差不应超过±2.5 厘米。

4. 穴播播量检查

检查时，小心地扒开播行覆土使种子外露，逐穴检查种子粒数并测穴距及穴长。选择测点时，每行选 3～5 个点，每个测点长度不应小于要求穴距的3倍。计算穴粒数合格率、穴距合格率、穴长合格率、空穴率和重播率。

5. 伤种情况检查

从输种管下接取一定量的种子或者扒出已播入土中的一定量的种子,测定播种的伤种率。计算方法有两种:

(1)从种子中挑出带伤种子,称重。计算带伤种子占样本总量的百分率,再减去种子的原始破碎率,即为伤种率。

(2)查数样本种子中带伤种子粒数,计算带伤种子粒数占样本种子总粒数的百分率,再减去种子的原始破碎率,即为伤种率。一般大粒种子的伤种率不能超过1%,小粒种子的伤种率不能超过0.5%。

(四)播种机技术状态检查

(1)机架横梁平直,不得弯曲变形。

(2)地轮轮缘的径向和轴向摆动不得超过规定要求。辐条不应断裂和松动。

(3)齿轮传动应全齿啮合,齿顶和齿根有正常间隙。链条传动时,链轮应在同一平面内。链条紧度应适当。钩形链的钩应朝外,各链节的钩头应朝着运动方向。

(4)开沟器间距离应相等,偏差不应大于5毫米。同列开沟器尖应在同一直线上。

(5)输种管完好无损。

(6)播种机各部紧固得当,润滑周到,内外干净。

(五)播种作业安全规则

严禁在播种作业中进行调整、修理和润滑等工作;带有座位或踏板的悬挂播种机,在作业时可以坐人或站人,但在升起转弯或运输时禁止坐人或站人;开沟器入土后不准倒退或急转弯,以免损坏机器；不准在机组前来回走动，以免发生人身事故；播拌药种子时，要注意防止人、畜中毒；夜间播种必须有良好的照明设备，以保证播种质量。

（六）播种深度的调整

播种深度是农业技术上严格要求的指标之一。过深、过浅或深浅不一，都将使出苗率降低，幼苗生长不整齐、不旺盛。播种深度一致是指种子上面覆盖的土层厚度一致。显然，在地面起伏不平时，播深一致的种子在土中也是高低不一的。因此，要保持播深一致就必须控制各播行的开沟器均能随地面起伏而浮动，使它们的入土深度一致，在现有的播种机上控制开沟器入土深度的方法有以下几种（见图 4-14）：第一，在双圆盘开沟器上加装限深环；第二，在滑刀式开沟器上加装限深板；第三，锄铲式开沟器改变其牵引铰点位置或增加配重；第四，利用弹簧增压机构改变开沟器上的压力；第五，利用限深轮控制。

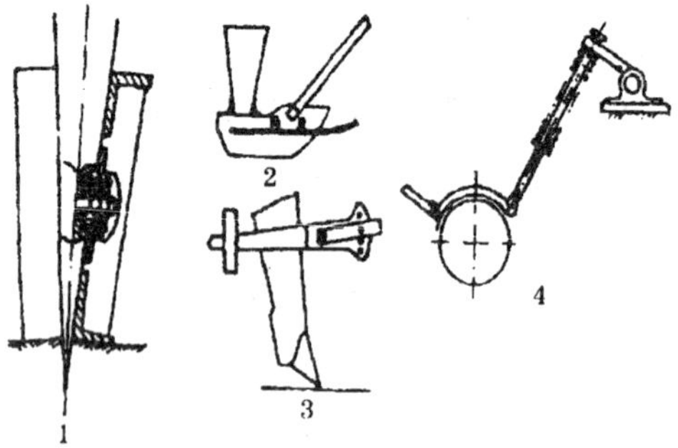

图 4-14　开沟器限深装置

1. 限深环　2. 限深板　3. 配重控制　4. 弹簧限深机构

播种深度主要取决于开沟器的开沟深度。因而播种深度的调整主要是指开沟深度的调整。由于开沟器开沟深度调节机构不同，开沟深度的调整方法也不同。一般用改变限深板或限深环的上下位置,或调节限深轮、仿形轮或镇压轮相对于开沟器的上下位置来调节开沟深度。此外,可根据土壤的松软或坚硬情况,调节平行四杆上弹簧压力,或者改变机组的挂接点、增减配重以改变开沟器的入土力的大小来调节开沟深度。例如,在松软的土壤中工作时,由于地轮下陷,开沟器入土太深时,可尽量减小弹簧压力,甚至当弹簧不起作用时,开沟器依靠自重也能入土。如果要求播种深度小于 4 厘米时,则应在每一开沟器上附装限深器,如滑板等。另外,覆土量的大小也影响播种深度,可以调节覆土机构(覆土器的长短或覆土板的倾角)调节覆土量的大小从而调整播种深度。

播种深度的测量方法有两种:一种是扒开种沟,寻找种子,测量其至地表的距离,即为播种深度;另一种是在苗期测定,拔出幼苗,测定苗根发白部分的长度,即为播种深度。如果测量的播种深度不符合农艺要求,应重新调整。

(七)播种机挂接状态的调整

播种机挂接状态影响开沟器的入土性能、开沟深度一致性和稳定性,甚至由于排种器的倾斜而影响排种量,因而播种前应对播种机的挂接状态进行调整。调整有前后水平调整和左右水平调整两个方面。

牵引式播种机可通过改变牵引环在牵引板上的销孔位进行调整,使播种机保持前后水平状态;通过调节左右两地轮的高度可以使播种机保持左右水平状态。

对于悬挂机组,可利用调节拖拉机悬挂装置的上拉杆的长度调节机组的前后水平。如果机组前低后高,可增加上拉杆长度;如果机组前高后低,则缩短上拉杆长度。机组的左右水平调整可利用调节拖拉机悬挂装置上的右吊杆的长度来调节。伸长右吊杆,机组右边下降;缩短右吊杆,机组右边上升。为使机具左右方向能够保持仿形性能,拖拉机悬挂装置的吊杆接头应放在长孔内,工作时,应把液压操纵杆放在浮动位置。

(八)轮距的调整

如果播种机的幅宽远大于拖拉机的轮距,轮距可不必调整;但如果播种机的幅宽小于或近于拖拉机的轮距,为了保证播种质量,防止拖拉机后轮压行,播前应按行距要求,对拖拉机后轮的中心距进行调整,使之恰好在未播地或在已播好的垄背上行走。一般通过改变后轮轮毂的安装方向、位置及轮辐的正反来调整。随着后轮轮距的调整,必须相应地调节前轮轮距,且务必使各轮与拖拉机纵向中心线的距离对称。同时,注意轮胎的花纹不得装反。

二、播种作业中的注意事项

(1)播完一块地后,应根据已播面积和已播种子量,核对播种量是否符合要求。

(2)作业中尽量避免播种机组停车,以防止起步时漏播。若必须停车,再行起步时要先将开沟器升起,后退 0.5～1 米方可重新播种。机组工作状态不可倒退。地头转弯时应将开沟器和划印器及时升起并降低行进速度。

(3)播种机组转移地块时,必须升起开沟器,种子箱和肥料箱内种子和肥料不宜装多。覆土器要提上来放在踏板或机架上。

(4)农具手在工作中要经常观察播种机各部分的工作是否正常,特别是排种器是否排种,输种管有无堵塞,种子箱内种子是否足够,划印器的工作是否正常等。如发现问题,应立即停车进行处理。

(5)夜间播种时,必须有良好的照明设备,地形复杂的地块应尽量留在白天播种。

(6)所用种子和肥料必须清洁,肥料结块应击碎。

(7)更换种子品种时,必须彻底清扫种子箱、排种器及一切可能积存种子的部位。

(8)工作中失落和损坏的零件应及时更换和修复。

(9)播地头,方法有两种:一是单播地头,地块的长边播完后,用梭形播法单播地头,用此方法播时,地块四角不易播到;二是转圈播地头,播前在地块两边先留出与地头等宽的两条地边不播,待中间地块都播完后,地头、地边连起来转圈播。

(10)播种机组的驾驶员和播种机手之间,要规定联络信号。只有按规定发出信号后拖拉机方能起步。如发现故障,应立即向拖拉机手发出信号,停车排除故障。

(11)播种机的传动部件要设有护罩。禁止人站在或坐在种子箱、机架和连接器上,禁止人从机上跳上跳下,禁止无关人员站到播种机上。

(12)地头转弯要减速缓行,机具要升起,牵引机具有起落机构的要将工作部件升起,不要转急弯,以免引起农具"啃轮胎"、"爬链轨"。

三、播种机的维护与保养

(一)班保养

每班(6 小时)工作后,应进行以下维护:

(1)彻底清除传动机构、排种器、开沟器、机架等部位的泥土、杂草,以便检查各部位的技术状态。

(2)检查排种器固定螺栓、排种轮卡箍、开沟器拉杆固定螺栓等紧固部位紧固情况,必要时拧紧。

(3)检查和润滑所有传动机构和转动部件,必要时进行调整或修理。

(4)检查各调整部位有无松动、滑移现象,测量划印器的尺寸,必要时进行调整。

(二)季保养

每个作业季节完成后,应做以下维护:

(1)清除机具上的泥土、油污及种子、肥料箱内的种子及肥料等杂物。

(2)将开沟器、齿轮、链轮及链条用柴油清洗并涂防锈剂,对圆盘式开沟器应拆开清洗,涂油后重新按要求装配。

(3)清洗全部轴承和转动部件。对含油轴承(套)可用机油或锭子油擦洗,不得用轻质油清洗,以免影响其自身润滑性能。

(4)放松开沟器挺杆弹簧和其他压缩弹簧。

(5)修复或更换破损或断裂的木制件、铁皮件等。

(6)对踏板、种箱、肥箱、机架、拉杆等部位掉漆处要涂漆。

(三)机具的入库

(1)机具完成季保养后方可入库。

(2)最好将机具放置于室内。室外保管时要垫木块并加遮盖。

(3)圆盘开沟器、链条、输种管、锄铲等卸下来在室内妥善保管,防止变形、挤压和丢失。

(4)播种机上不许承受额外压力,木制零件和铁皮件上不能放置重物。

(5)要有专人负责保管,定期检查,保持场地干燥、整洁。

四、常见故障及排除方法

播种机常见故障及排除方法见表4-5。

表 4-5　播种机常见故障及排除方法

常见故障	产生原因	排除方法
圆盘开沟器堵塞拖堆	1. 圆盘转动不灵	1. 增加内外锥体间的垫片
	2. 圆盘左右晃动而张口	2. 减少内外锥体间的垫片
	3. 开沟器内导种板与圆盘间隙过小	3. 调整合适间隙
	4. 地面不平，作物残茬太多	4. 提高整地质量清除地面残茬
漏播	1. 输种管堵塞或脱落	1～2. 经常注意及时排除
	2. 输种管损坏，向外漏种子	
	3. 土壤黏湿，开沟器堵塞	3. 在适合的土壤湿度下播种
	4. 种子不干净，堵塞排种口	4. 将种子清选干净
播深不一致	1. 播种机架前后、左右不水平	1. 正确连接，调整拉杆，使机架前后、左右水平
	2. 各开沟器压缩弹簧弹力不一致	2. 调整一致
	3. 播种机架变形，起落方向轴扭曲	3. 修复校正
	4. 圆盘式开沟器圆盘磨损不一致	4. 更换磨损过甚的圆盘
	5. 锄铲式开沟器尖部磨损太严重，或没有入土角	5. 更换磨损过度的锄铲并正确安装开沟器使之有 3° 的入土角

续表

常见故障	产生原因	排除方法
行距不一致	1. 开沟器配置不正确	1. 正确配置开沟器
	2. 开沟器的前后拉杆变形	2. 校正前后拉杆
	3. 开沟器拉杆固定螺丝松动	3. 紧固
邻接行距不正确	1. 划印器长度不对	1. 校正划印器长度
	2. 机组行走不直	2. 严格走直的要求
播种量不均匀	1. 地面不平土块太多	1. 提高整地质量
	2. 排种轮工作长度不一致	2～3. 播前进行播量试验，正确校正排种轮的工作长度和排种舌的开度
	3. 排种舌开度不一致	
	4. 播量调节手柄固定螺丝松动	4. 重新紧固在适当位置
圆盘开沟器堵塞拖堆	1. 圆盘转动不灵	1. 增加内外锥体间的垫片
	2. 圆盘左右晃动而张口	2. 减少内外锥体间的垫片
	3. 开沟器内导种板与圆盘间隙过小	3. 调整合适间隙
	4. 地面不平，作物残茬太多	4. 提高整地质量清除地面残茬
漏播	1. 输种管堵塞或脱落	1～2. 经常注意及时排除
	2. 输种管损坏，向外漏种子	
	3. 土壤黏湿，开沟器堵塞	3. 在适合的土壤湿度下播种
	4. 种子不干净，堵塞排种口	4. 将种子清选干净

续表

常见故障	产生原因	排除方法
播深不一致	1. 播种机架前后左右不水平	1. 正确联接，调整拉杆，使机架前后左右水平
	2. 各开沟器压缩弹簧弹力不一致	2. 调整一致
	3. 播种机架变形，起落方向轴扭曲	3. 修复校正
	4. 圆盘式开沟器圆盘磨损不一致	4. 更换磨损过甚的圆盘
	5. 锄铲式开沟器尖部磨损太严重，或没有入土角	5. 更换磨损过度的锄铲并正确安装开沟器使之有 3°的入土角
行距不一致	1. 开沟器配置不正确	1. 正确配置开沟器
	2. 开沟器的前后拉杆变形	2. 校正前后拉杆
	3. 开沟器拉杆固定螺丝松动	3. 紧固
邻接行距不正确	1. 划印器长度不对	1. 校正划印器长度
	2. 机组行走不直	2. 严格走直的要求
播种量不均匀	1. 地面不平土块太多	1. 提高整地质量
	2. 排种轮工作长度不一致	2～3. 播前进行播量试验，正确校正排种轮的工作长度和排种舌的开度
	3. 排种舌开度不一致	
	4. 播量调节手柄固定螺丝松动	4. 重新紧固在适当位置

模块五　水稻育秧及插秧机械的使用与维修

水稻是我国乃至全人类的重要粮食作物之一，我国水稻种植面积约占粮食种植面积的30%，产量约占全国粮食总产量的45%。水稻的栽培形式可归纳为两种，即直播和育苗移栽。直播按播前耕整地条件可分为旱直播和水直播，按种子在田间的分布又可分为撒播、条播、穴播。直播较容易实现机械化，省工，尤其采用飞机撒播，效率更高。但直播受自然条件影响较大，致使产量不够稳定。目前，除欧美等国家采用直播方法外，我国和日本、韩国等国家多采用育苗移栽。水稻育苗移栽是我国农业精耕细作传统中一项优良的栽培技术。在育秧方面，按育苗方式分为旱育苗，水育苗和营养液育苗；按育苗盘形状分为盘育苗和钵盘育苗。由于育苗方式不同，移栽方式可概括为插秧、抛秧和摆秧。插秧仍然是我国目前水稻种植的最基本方式。

插秧是我国传统的优良栽培技术，但插秧用工量大，季节性强，人工插秧劳动条件差，效率很低。尤其是插秧季节又是其他农活的大忙季节，劳动力特别紧张。因此，实现插秧机械化，对于提高劳动效率、减轻劳动强度、解决水旱争工、保证适时插秧和农业丰产丰收，具有非常重要的意义。

第一节　水稻插秧机结构性能与选购原则

一、水稻机械插秧的农业技术要求

(1)水稻机械化插秧技术，首先，机插秧田要根据农时和土质提早整地、耙地。整地要平，耙地要细、泥烂、无杂物，泥脚深度不超过 30 厘米，不得有 4 平方米以上的田面露出水面；耙田后要视土质情况沉淀一段时间，再插秧；一般砂土需沉淀 0.5～1 天，黏土 3～4 天，有的泥浆田要沉淀 7 天左右。其次，插秧时水深保持在 2 厘米左右，插秧后立即灌水保苗，防止秧苗生理失水。

(2)插秧机用的秧苗只能是大棚培育的中苗和小苗，且要符合机插用秧苗的壮秧标准(表 5-1)。

表 5-1　插秧机用的秧苗规格要求

(单位:mm)

秧苗类别	插秧机类型	秧苗高度	秧苗长度	泥土深度	秧苗性状
拔洗苗	人力	150～300	10～40	—	粗壮均匀，茎宽 2～5 枯叶杂草少，秧根不纠结。一般洗根，但带泥少的旱育秧及机拔苗不需洗根
	机动	150～450	10～80	—	
带土苗(包括铲秧和卷秧)	人力	60～150	—	15～20	秧苗密度：1.13～2.26 株/平方厘米，秧苗均匀度至少为 80%，泥土温度适宜，不松散，无小石块等杂物
	机动	60～250	—	20～30	

(3)保证每穴株数达到要求，在一定范围内调节并应有较高的均匀度，一般为每穴 3～5 株。

(4)符合栽植规格。包括行距、株距和插深，应因地制宜选用，参考值见表 5-2。

表 5-2 插秧规格

	规格		措施
行距	宽窄行:宽行 160(mm),窄行 104(mm)		插秧机按行距成系列(现有插秧机不能调节行距)
	167		
	200		
	267		
	300		
穴距	100		机动插秧机栽插穴距可按要求调节,人力插秧机栽插穴距由机手掌握
	133		
	167		
插深	插拔洗苗	30～70mm	可无级或分级调节
	插带土苗	10～25mm	

二、机动水稻插秧机的类型

(一)手扶式插秧机

插秧时一人操纵,用手扶着插秧机。机手跟在机后在田间步行。其驱动轮有单轮或双轮,行数为 2 行、4 行、6 行。国内引进及国产的型号以手扶 4 行双轮驱动插秧机为多见。例如,2ZJ－4 型和 2ZJ－9354 型。

(二)乘坐式插秧机

插秧时一人操纵或另有两人续秧,操作者均乘坐在插秧机上,无需步行。其驱动轮有单轮或 4 轮,行数为 4 行、6 行、8 行。国产延吉插秧机厂生产的 2ZT－9356 型、2ZT－7358 型属于 3 人乘坐式,目前被广泛使用(见图 5-1)。

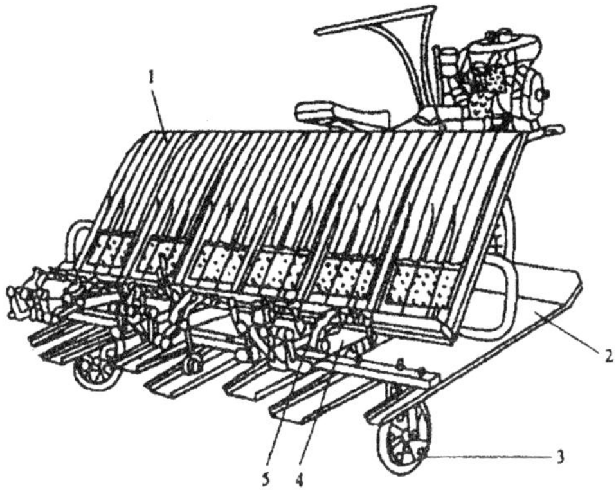

图 5-1 2ZT－9356 型机动插秧机
1. 秧箱 2. 秧船 3. 运输轮 4. 链箱 5. 栽植臂

三、插秧机的使用操作规程

(一)插秧机作业前的检查

(1)各部零件是否完整，螺栓是否紧固。主要紧固部位是：栽植臂曲柄夹紧螺栓；发动机与机架固定螺栓；方向盘盖板与变速箱连接螺栓；牵引架连接螺栓；工作传动连接螺栓。

(2)各部加注润滑油：发动机油底壳加注柴油机油，加到标尺刻度范围内；地轮减速箱加注齿轮油到油面孔处；移箱器加注柴油机油到油面孔处；左、右链轮箱加注柴油机油 200～300 毫升；栽植臂加注机械油 30 毫升；送秧棘轮及小滚轮、秧箱支承轮、分离销、万向节、深浅调节螺杆等处滴注柴油机油。

(3)检查分离针与秧门两侧间隙是否均匀(为 1.25～1.75 毫米)。

(4)检查分离针与秧门两侧壁间隙是否均匀(为 1～1.5 毫米)。

(5)秧箱安装是否正确。

(6)压秧杆是否与秧箱底平行。

(二)插秧机的使用与操作

(1)插秧机在正式插秧前，机组人员事先必须经过专门的培训，认真阅读《安全使用插秧机须知》。充分了解插秧机的性能和调整使用方法，熟悉驾驶和装秧技术。

(2)插秧机在正式插秧前，必须试插，认定符合农艺要求后，方可投入正式插秧工作。

(3)启动发动机必须按如下顺序进行：检查柴油机的柴油及机油是否充足；打开油路开关，开启油门；检查总离合器是否在分离位置，变速杆是否在空挡位置；减压、启动发动机。

(4)在路面行走要按如下先后顺序进行：观察前后、左右是否安全，检查栽植臂是否升起；根据路面情况选择挡位，慢慢加油并接合总离合器；严禁不停车换挡，齿轮不对牙时不要强行挂挡；路面不好不允许使用高速挡，特别注意不要碰坏秧门；过水渠或超过 500 毫米的大田埂时应搭上木板，不许强行通过；到达作业地点后，选择好进地路线，拆下尾轮，换上叶轮用慢挡进地。

(5)装秧和补充装秧要按下列操作方法进行：

第一，使用盘育秧苗时，要用手轻轻把秧片一头提起，插入运秧板取出秧片，注意不要把秧片弄碎或把秧苗折断。空秧箱装秧时，应把秧箱移到一侧，在分离针空取秧一次后加入秧片。

第二，秧片要紧贴在秧箱底面上，不要在秧门处拱起，压秧杆应与秧片有 5～6 毫米的间隙。

第三，秧箱里秧苗到露出送秧轮之前就应及时续秧，否则插秧量会明显减少。加秧时，秧片接头处要对齐，不要留空隙。装、加秧片时要让秧片自由滑下，必要时可适当注水在秧箱与秧片间，不要用手推压秧片，防止秧片变形，影响插秧的均匀度。

第四，一片 580×280 毫米的标准秧片，一般都能插到 50 米以上的距离，所以装秧手的动作要从容，不要紧张。一个秧片装不下时，不要随意撕断秧片，而应把装不进秧箱的部分卷起放在秧箱上（不要折叠），在秧片自由下滑有了空位置后再铺开。

第五，休息或长时间停止插秧时，应将秧箱内剩余秧苗取出，清洗秧箱和秧门，清除送秧轮上缠绕的秧苗根，并检查取秧量是否一致。

第六，插秧工作中的安全规则：插秧过程中，不许碰各旋转部分，严禁不停机清理秧门。遇到有杂物卡住分离针时，应立即停机取出杂物并清除没有插下的剩秧，再进行插秧。

第七，田间驾驶方法：下水田前要考虑行走路线和转移地块的进出路线，尽量减少人工补苗面积。2ZT－9356 型水稻插秧机插秧行走和进出地路线，如图 5-2 所示。2ZT－7358 型水稻插秧机则只要将图 5-2 中的 1.8 米改为 1.9 米即可。

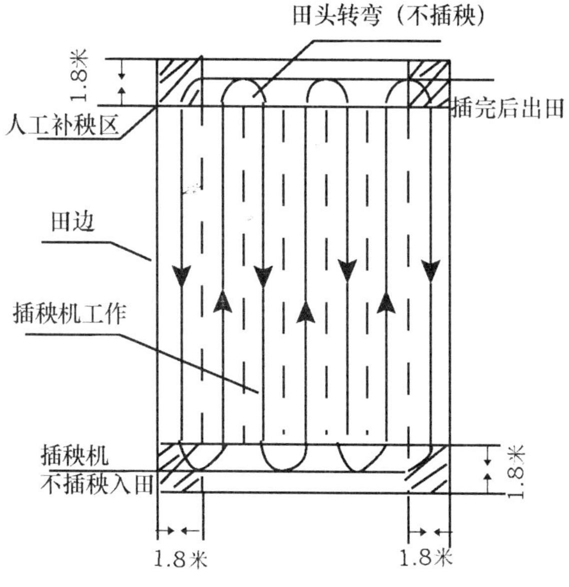

图 5-2　插秧行走路线

插秧机开行时，靠田边应留出一幅插秧机的作业宽度1.8米(1.9米)，要求插秧机开行开得直，邻接行间距一致。插秧作业时，应将船板挂链放松，以保证插秧深浅一致，严禁高吊船板作业。

为使地头插得整齐，两头各留下一幅插秧机的作业宽度1.8米(1.9米)，转弯时要先分离定位分离手柄，再分离主变速手柄，转弯时，如不分离主变速手柄，就可能损坏万向节。

当插到最后第二行程时，所剩的秧田不足插秧机一个作业宽度时，预先取出靠外边一个或几个秧箱内的秧苗(或用挡秧杆)，使插秧机相应少插一行或几行秧苗，使最后留下一整幅作业宽度的未插秧田，以便最后圈边时插秧作业。

圈边时要注意行走路线，并注意秧门不要被田埂碰坏。

插秧机陷住时，要抬船板，不允许抬工作传动部件。必要时，可在地轮前加一木杠，使插秧机机头自行爬出。

一天作业结束后，要清洗机器表面，进行保养，最后用塑料布将发动机盖好。

四、插秧机的维护与保养

(一)每班技术保养

检查发动机机油油尺，若发现缺油立即添加；清洗插秧机各部泥污；检查并向栽植臂注润滑油；检查各部螺栓，特别是栽植臂夹紧螺栓；检查取秧量。

(二)作业6.67公顷技术保养

要做每班保养的全部项目：检查链轮箱、移箱器的油面，必要时向箱内加注机油；检查各部是否漏油，并紧固螺栓；检查分离针与推秧器间隙，必要时校正或更换分离针；检查栽植臂内是否渗入泥水，如发现进泥，必须清洗并更换推秧器油封。

（三）作业结束的保养和保管

按柴油机说明书有关封存的要求保养发动机，并卸下入库；拆下秧箱，彻底清洗插秧机各部分；停机1～2天后，检查各部分有无进水，放出沉淀油，并加注润滑油；各部润滑部位充分注油；紧固各部螺栓并在螺栓上涂油防锈；在定位分离钢丝或软线间滴油防锈；为防止栽植臂推秧弹簧疲劳，栽植臂应处于推出状态；定位分离手柄放在分离位置；插秧机不要露天停放，最好停放在室内；插秧机不要与化肥等腐蚀性物质存放在一起，不允许在插秧机上堆放重物。

五、常见故障及排除方法

插秧机作业质量下降原因和改善措施见表5-3，常见故障及排除方法见表5-4。

表5-3　作业质量下降的原因和改善措施

现象	产生原因	改善措施
插秧后直立性差	1. 插深调节不当	1. 调节插深
	2. 推秧器推秧不彻底	2. 更换推秧凸轮
	3. 秧苗根系发育不好	3. 用发育良好的秧苗
	4. 田面过硬	4. 改善整地质量
漏插	1. 纵向送秧齿轮露出高度不合适	1. 调整送秧齿轮轴的安装
	2. 秧箱倾角过小	2. 调整秧箱倾角
	3. 秧门处有异物	3. 清除异物
	4. 秧苗密度不均	4. 改善密度
	5. 秧片规格过宽	5. 秧片沾水、横向振动、秧盘变窄

续表

现象	产生原因	改善措施
漂秧	1. 分离针磨损	1. 更换分离针
	2. 插深过浅	2. 调整插深
	3. 田面过软	3. 田面沉淀、慢插、适当深插
	4. 田面过硬	4. 减慢插秧速度
	5. 水过深	5. 适当排水
每穴株数不一致	1. 秧苗密度不均	1. 改善秧苗密度
	2. 送秧齿轮缠根较多	2. 清理送秧齿轮
	3. 各分离针取秧量不一致	3. 调整使取秧量一致
	4. 秧片含水过多或不足	4. 适当控干秧片水分或适当浇水
插深不齐	1. 田面不平	1. 提高整地质量
	2. 几组链轮箱安装不齐	2. 重新安装
	3. 挂链拉得太紧，船头拱起	3. 放松挂链，使船头贴地
分离针与推秧器间带秧	1. 秧片缺水	1. 苗床适量浇水
	2. 推秧器变形或工作不正常	2. 维修或更换推秧器
	3. 田面过软	3. 提高整地质量
	4. 推秧器与分离针间隙过大	4. 校正或更换分离针
	5. 秧田缺水	5. 灌水
穴孔紊乱壅泥	1. 秧田土质较差，沉淀时间不够	1. 改良土质，延长沉淀时间
	2. 秧船头部沉入秧田	2. 适当吊起船头
每格秧箱秧苗用量不等	1. 苗床缺少水分	1. 苗床适量浇水
	2. 各分离针取秧量不一致	2. 调整取秧量使之一致
秧片拱起	1. 苗床水分过多	1. 适当控干苗床水分
	2. 苗床土厚不当	2. 改善床土厚度

表 5-4 常见故障及排除方法

常见故障	产生原因	排除方法
地轮不转	1. 皮带轮打滑	1. 张紧皮带
	2. 离合器打滑	2. 调整离合器
	3. 跳挡	3. 找出原因，予以排除
工作部件不工作	万向节销轴折断	更换销轴
一组栽植臂不工作并有响声	分离针在秧门口碰到石块、树根等异物，安全离合器被打开	清除异物，检查、维修或更换分离针
一组栽植臂不工作且无响声	链条活节脱落	重新上好链条活节
高速运转时一组栽植臂不工作并有响声	离合器弹簧力减弱	1. 加垫调整 2. 换件修理
推秧器不推秧或推秧缓慢	1. 推秧杆弯曲	1. 校正或更换推秧杆
	2. 推秧弹簧弱或损坏	2. 更换推秧弹簧
	3. 推秧拨叉生锈	3. 除锈或更换推秧拨叉
	4. 栽植臂体内缺油	4. 加注润滑油
	5. 分离针变形与推秧器间无间隙	5. 校正或更换分离针

续表

常见故障	产生原因	排除方法
推秧器推秧杆过分松动	栽植部分的导套磨损严重	更换导套
栽植臂体内进泥水	挡泥油封和骨架油封损坏或密封性能差	更换油封
栽植臂体内有清脆的敲击声	缓冲胶垫损坏或漏装	更换或补加缓冲胶垫
秧箱横向移动时有响声	1. 导轨和滚轮缺油 2. 滚轮和导轨磨损	1. 加注润滑油 2. 更换磨损件
秧箱两边有剩秧	1. 秧箱驱动臂夹子松动	1. 调整分离针与秧箱间隙后紧固
	2. 滑套、螺旋轴或指销磨损	2. 更换磨损件
纵向送秧失灵	1. 棘轮齿部磨损	1. 更换
	2. 棘爪变形或损坏	2. 更换
	3. 送秧弹簧弱或损坏	3. 更换
	4. 送秧凸轮与送秧轴连接用锁圈和钢丝销脱落	4. 重上钢丝销和锁圈
定位离合器失灵或分离时栽植臂抖动	1. 分离销插入长度不当或磨损	1. 调整分离销插入长度或更换
	2. 分离牙嵌与大锥齿轮分离不彻底	2. 拆下后将分离牙嵌端面磨去0.5毫米

第二节　水稻育秧设备

培育壮苗既是高产的基础，又是水稻优质的前提。工厂化育出的高品质规范化秧苗，有利于机械化移栽和优良品种的普及，有利于实现规模化育秧、商品化供秧和产业化经营与社会化服务。具有省育秧田、省种、省水、省肥、省工和增产的显著效果。

水稻工厂化育秧是指在人工控制的水、肥、土、温、湿、气等条件下给种子秧苗以最适宜的生长条件，避免自然灾害的影响，培育出宜于机插的“规格化水稻秧苗”。工厂化育秧可以适当早播、抢农时、抢积温、夺高产和保证育秧安全可靠，是水稻机械化生产内容之一，也是水稻移栽前期的重要技术环节。

一、工厂化育秧的主要类型

工厂化育秧可分为厚土育秧、薄土育秧和无土育秧三大类。全国各地因气候条件、经济条件、技术水平、生产规模、劳动配备和习惯等不同，可根据各自的适应性选择不同的育秧方式。这三种典型工厂化育秧的特点如下：

(1)厚土育秧：厚土育秧是用人工配置土、肥、水及农药等模拟大田中水稻的生育状态，使秧苗处于最佳的自然生长状态，使种子从出芽到成苗都按照农艺过程，实现机械化流水线生产，育出秧苗整齐、粗壮。整个过程管理方便，操作省力，能保证按计划供应优良秧苗。由于自动化程度高，机械配套多，具有投资大、成本高等缺点。

(2)薄土育秧：薄土育秧能节省50％～80％的苗床土。秧苗分块后可叠装，运输较轻便，可以减轻劳动强度，并节省了铺床土的机械设备。由于土层薄，要及时供给水肥，必须精心管理。秧龄只能在10～15天之内，否则叶色会变黄。

(3)无土育秧：无土育秧可以省去土壤，用肥水代替。育秧设备投资少、工序简化，但秧苗的秧龄对农作物茬口适应性较小，秧龄仅7天左右。由于苗小早植，正处于低温，不能早发，在育秧期间容易产生窝团烂根的生理病害，影响秧苗整齐度，给管理带来困难。目前，应用无土盘根、生苗、肥水培育壮秧，提高了秧苗素质，秧苗壮实、盘根厚度松紧适宜。

二、工厂化育秧过程和育秧设备

水稻育秧可在农户的育秧田或工厂化育苗室里进行。工厂化育苗设备比较齐全，技术容易实施。农户育苗可简化一些设备。

(一)工厂化育苗过程

稻种要经过选种、消毒、浸种和催芽，故要备有种子消毒浸种槽。苗床土要经过碎土、消毒、干燥、筛土和混合肥料，因此要配备碎土机、筛土机和肥料混合机。向育秧盘内装土、播种和覆土，要配备装土机、撒播机和盖土机或播种成套设备。为了播种后种子的出芽，要有育秧器或育秧房。秧苗绿化和强化要在绿化室和强化室内配备加温设备、控制装置和供水装置等。

无土育秧不必使用苗床土，可省去配制苗土的机具和简化育秧作业程序。

(二)水稻工厂化育秧主要设备

1. 种子精选机

种子精选机是根据比重的原理对种子进行精选。精选后的种子，其千粒重、发芽率及净度都有显著的提高，从而节省了种子的用种量，并可提高单位面积的产量。

2. 脱芒机

水稻育苗过程中，农业技术要求必须除芒，无论有芒无芒的种子均需经过除芒过程，这是因为种子表面的绒毛和稻芒使种子间的摩擦力增强，空隙度增大，而且相互黏连，直接影响排种的均匀度，降低播种质量。特别是在机械播种和机械包衣过程中，因带芒稻种在播种机的进料机构中，相互交错易形成团状，并刺在毛刷上，造成稻种流动不畅，产生堵塞和架空，影响播种的均匀度和生产率，而且也增加播种轮的磨损、影响包衣质量及浪费种衣剂等，尤其是钵盘育苗中对此项要求更为严格，不除芒就无法保证每穴3～5粒种子。

目前，脱芒机主要有摩擦式与打击式两种类型。

(1)摩擦式脱芒机（见图 5-3）：脱芒机由电动机通过一级皮带传动，带动脱芒主轴，使左右螺杆转动。在螺杆周围的稻种，由于螺旋推进作用，由两端挤向中间，发生推挤、摩擦并向上翻动。在摩擦力的作用下，将稻种的芒及枝梗逐渐搓下。

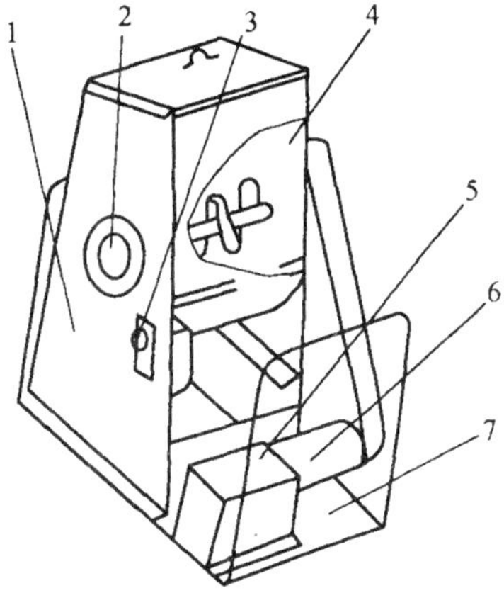

图 5-3　脱芒机

1. 机体 2. 螺旋轴 3. 电机控制器 4. 种子箱

5. 电器箱 6. 电机 7. 机架

由于稻种上所残留的芒及枝梗多少不一，所以要求脱芒的时间也不同，可采用时间继电器自动控制脱芒时间。一般应根据品种先做好试验，确定所需时间，然后在时间继电器上给以固定(一般按脱芒除净率达到95%以上的作业时间)。要防止脱芒时间过长，造成稻种破裂，影响发芽率。

(2)打击式脱芒机：打击式脱芒机有打芒除秕机、压砣式打芒机和钉齿式打芒机三种类型。这三种类型的打击式脱芒机的作用原理基本相同，仅打击元件稍有差别。稻种通过打击部分的时间随转速及通道长度而定，一般不能调节。

3. 浸种设备

(1)浸种容器的材料选择：浸种容器可选用塑料、水泥、木材等制造，也可利用现有的水池、水缸及木桶等。

(2)浸种容器的类型：浸种器有方形、圆形及多边形等。要求能方便进水、排水，方便取种、放种。池口要大，池底里设置一排水孔，孔阀向外，便于开闭。池的高度不应超过1米，以便于人工放、取种子。另外，还要容易清洗、消毒，形状必须规则，表面应光滑。

4. 催芽设备

要使种子出芽率高和出芽整齐，就必须保证种子出芽时所需的水分、温度和氧气。种子经过浸种已含有饱和水，呈米黄色并有透明发亮状。在催芽的水溶液中还需加入消毒剂，防止病毒进入胚乳内，造成病苗。当种子浸入池中由催芽设备对水进行循环加热、加气及扰动，当水升温至32～35℃，保温20～36小时，种子即可破胸露白(出芽0.5～1毫米)。

在催芽过程中，主要应保持温度。因此，必须采用催芽设备向水中送温水与空气，使水中的含氧量不断得到补充，达到净水目的。由于水一直处于流动状态，可保证浸入的稻种温度均匀一致、含氧量一致。通过自动控制，迫使种子能在最短时间内达到破胸露白。出芽率一般可在95%以上。

催芽方式可分为喷淋循环法、对流循环法和摊晾法三种。前两种方式是用水作为介质，保持种子所必需的温度、氧气和排放废气。摊晾法是使种子在保温的空间，通过水蒸气加温，获得所需的温度，种子与空气直接接触。

5. 脱水机

种子经过催芽后，由于种子表面蘸水，不能直接用来播种，必须进行脱水处理，除去种子表面的游离水，使种子与种子、种子与排种轮不黏合，有效地进行播种。对于摊晾式催芽因是通过水蒸气加热保温，种子表面游离水很少，不影响播种均匀度，可不进行脱水。

脱水机的原理是通过对种子进行高速旋转所产生的离心力，使种子表面的游离水脱离种子表面，飞向离心机的外罩壳，而达到脱水目的。

6. 育秧播种机

在工厂化育秧成套设备中，育秧播种流水线机组为最关键设备之一。根据排种器和所用秧盘可划分为平盘式育秧播种流水线机组与穴盘式育秧播种流水线机组两种。

7. 出芽室

出芽室是随着水稻栽培技术的发展而出现的一种新的育秧配套设备，是水稻工厂化（包括温室）育秧技术中不可缺少的环节。它由保温、控温、加湿（喷水）、秧盘架等机具组成，并通过这些机具来满足种子出芽所需的温、湿、气的要求。

（1）出芽室的技术要求：种子经催芽露白后，进行播种。根、芽在合适的温度下在泥土中逐渐地顶出稻壳，呼吸作用旺盛，胚乳中的养分逐渐转化，并发出大量的热量。这时影响根芽生长好坏的主要矛盾是水与空气的矛盾。幼根生长需要较多的氧气，幼芽生长则需要较多水分，而种子周围空气和水分两者是相互排斥的。水分少，空气增多。这样虽然有利于幼根的生长，却影响幼芽的生长。因此，要使出芽室保持秧盘有足够的水分，同时，还应保持有充分的空气，为种子的根、芽生长提供良好的条件。

出芽室内装入出芽的秧盘后，应放在无光的房间内，最适宜的温度为32℃，保温后逐渐降温，达到芽鞘长为0.5～0.8厘米。

(2)出芽室的工作过程：出芽室的工作过程是将播种的秧盘叠放在框架上，然后用保温罩将出芽室封闭，以保持恒温与定量的水蒸气。在框架下的加热加湿器通电后，将水盘中的水加热蒸发，使水蒸气散发到整个室内，满足种子发芽对温度和水分的需要。

第三节　育秧播种机操作技术

水稻机械化育插秧技术的不断普及推广，促进了水稻插秧机作业服务规模日益扩大，带动了水稻育秧播种机的推广使用。目前，适应不同生产经营规模的水稻育秧播种机已经在实际生产中得到成功应用。水稻育秧播种机可以分别进行铺土、播种、覆土等作业，而播种流水线则可一次性完成铺土、洒水、播种、覆土等四道工序作业。机械播种效率高，质量好。目前，生产中使用较多的育秧播种机械，主要包括手推式播种机、手摇式播种机、水稻育秧播种流水线等。它们的基本原理相同，在排种方式上，主要有带状排种和窝眼式排种两种。

一、手推式播种机

手推式田间育秧播种机，可分为单排作业和双排作业两种机型。该机结构简单，便于操作，适用于中小规模的育秧播种作业。

以 SR－60C 型久保田牌单排手推式育秧播种机为例，介绍主要操作要领。

（一）主要技术参数

该机的主要技术参数：外形尺寸（长×宽×高）770×339×268 毫米；结构重量 8 千克；漏斗容量 16 升；播种宽度 580～590 毫米；播种速度 2～3 秒/盘（缓慢走动时的速度）；标准播种量 220～360 克芽谷。

（二）各部位的名称和规格

SR－60C 型久保田牌单排手推式育秧播种机主要由移动轮、播种导板、种谷漏斗等部分组成，其结构如图 5-4 所示。

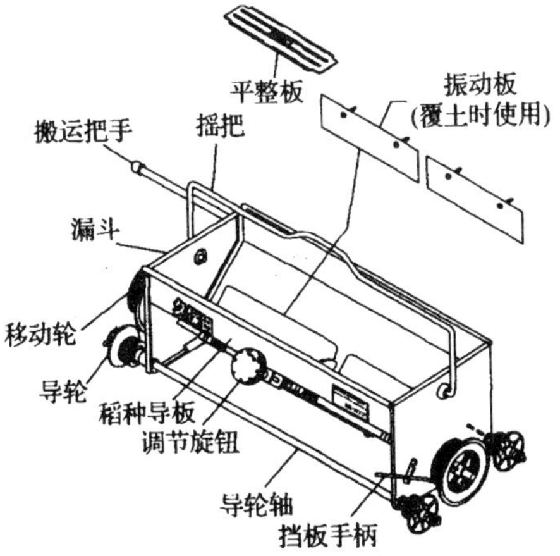

图 5-4 SR－60C 型久保田牌单排手推式育秧播种机结构

(三)安装与调整

(1)移动轮宽度的调整。根据秧盘的大小,松开锁紧螺栓,将左右间隙各调整至 5 毫米左右,如图 5-5 所示。

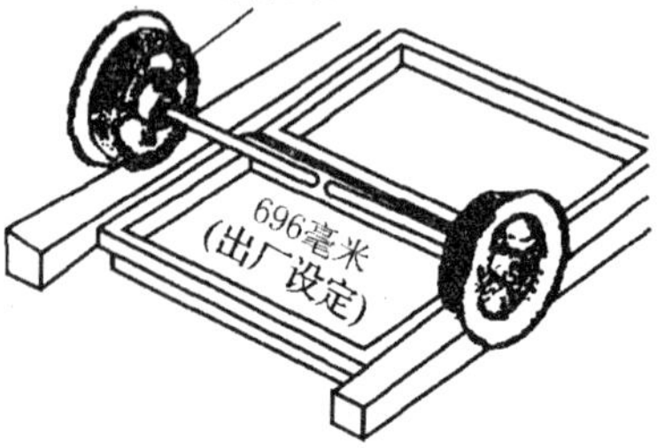

图 5-5　移动轮宽度的调整调整

(2)挡板手柄。作业时,将挡板手柄向前推则挡板打开,离合器闭合,可以进行播种及覆土作业;中断或结束作业时,将挡板手柄向后拉则挡板闭合,离合器断开,稻种及床土不会漏出,如图5-6所示。

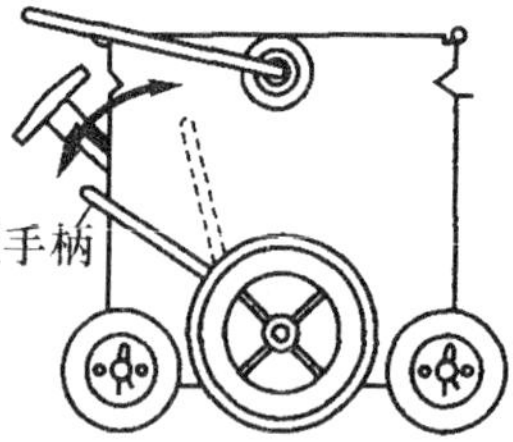

图 5-6　挡板手柄调节示意图

(3)主机操作。将附带的摇把挂在主机的挂钩上,将挡板手柄向前推合上离合器,向前推动主机即可进行播种或覆土作业。操作者应缓慢推动,离合器闭合时不能向后拉主机,如图5-7 所示。

(4)播种刷的间隙调节。播种刷和播种辊间的间隙应保持

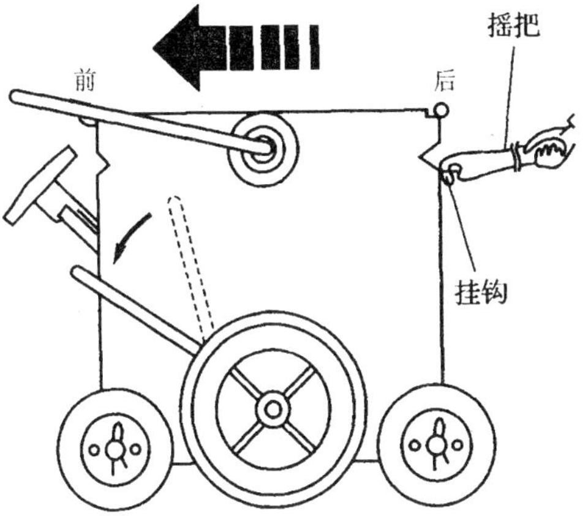

图 5-7 主机操作示意图

平行。如果播种刷和播种辊间的左右间隙不一致,应进行调节:①旋转调节旋钮,将播种刷和播种辊之间的间隙调节至左右各0～0.5 毫米,且保持平行,如图 5-8 所示。②将对准标记对准旋钮的白点位置,如图 5-9 所示。

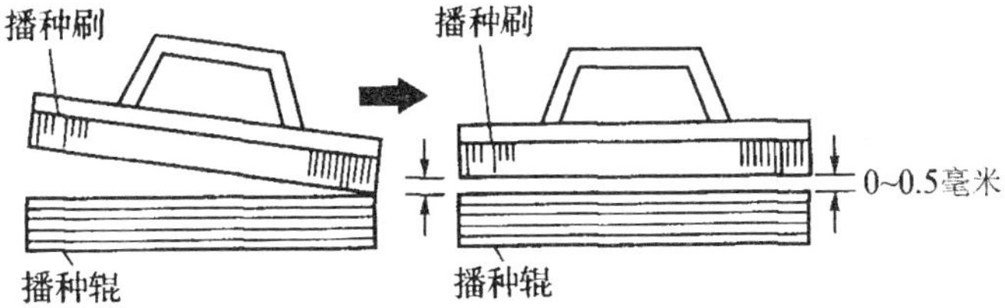

图 5-8 播种刷的间隙调节

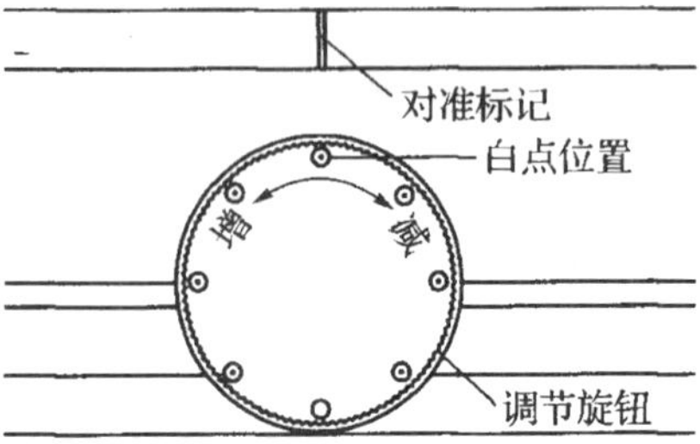

图 5-9　播种刷的间隙调节

(四)作业与调整

(1)播种作业。播种前须拆下振动板。在每列秧盘的起始和最后位置放上空秧,在漏斗内放入适量芽谷,合上离合器,从空箱位置开始播种。采用软盘育秧的,播种作业前,要在软盘两侧,平行铺放导轨,以便播种机顺畅平稳作业。

播种前应断开离合器推动播种机,确认是否能顺畅移动;在播种作业过程中,中途不要停顿,应持续匀速播种到最后。

(2)覆土作业。振动板可以消除拱土现象,使土粒覆盖得更均匀,因而在进行覆土作业时应将振动板安装在漏斗上,如图 5-10所示。

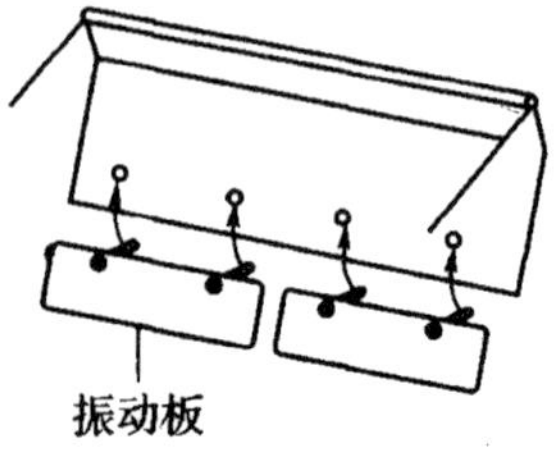

图 5-10　振动板安装示意图

与播种时一样,覆土量通过组合滑轮和调节旋钮进行调整,覆土量因土质及湿度而不同,根据覆土量的多少,有时需要进行两三次覆土作业。

在漏斗内装入床土，匀速作业，覆土以盖没种子为宜，切忌覆土过厚。

二、水稻盘育秧播种机

该机由播种总成、覆土总成、传动系统以及机架等组成。它的动力由电机提供，在没有电源的条件下，可通过人工手摇作为动力。动力经传动系统传动播种轴，并带动播种轮转动，再经离合器传动覆土轴，带动覆土轮转动。秧盘通过机架上的滚轮在机架上移动，先后经过播种装置、覆土装置，一次完成播种、覆土作业。

（一）机具各部分名称

水稻盘育秧播种机主要由播种总成、覆土总成、传动系统以及机架等组成，其结构如图 5-11 所示。

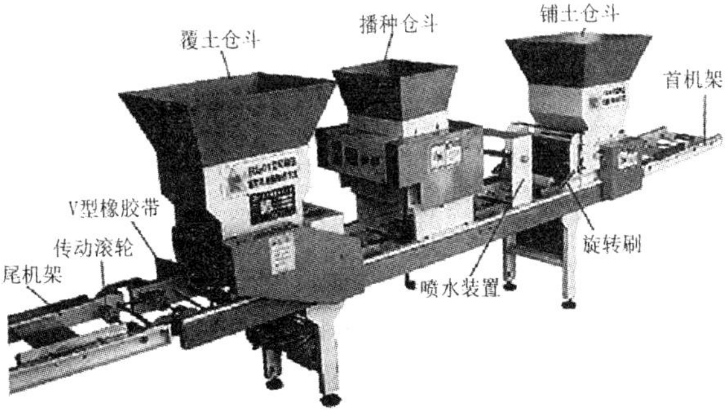

图 5-11　水稻盘育秧播种机结构图

（二）技术规格

2BL－280A 水稻盘育秧播种机技术参数见表 5-5。

表 5-5　2BL－280A 水稻盘育秧播种机技术参数

项目		2BL－280A	
机器尺寸(mm)	长	1904	
	宽	680	
	高	866	
重量(kg)		51	
动力 W		电动(90/220 V)/手动转速 10 转/分钟(以播种轮计算)	
容积(L)	播种箱	14	
	覆土箱	22	
播种量的调节		通过替换链轮，可以组合成 11 个挡位的播种量	
播种量范围(干种盘)		杂交稻(按 300 盘/公顷计算)	常规稻(按 300 盘/公顷计算)
		最小约 65 克	最大约 180 克，最小约 85 克
		最大约 230 克，根据当地农艺要求选择适当的链轮组合	
覆土厚度(mm)		3～9	

(三)机器装配要求

1. 整机的安装要求

播种作业季节前，要安装调试好播种机。组装调试的要求如下：

(1)先装配好机架，调节支撑螺钉，保证机架横梁纵、横方向均水平，最后锁定支撑螺钉。

(2)将播种部分、覆土部分分别安装到机架上，调整固定螺钉张紧播种部分的链条、覆土部分的皮带，并保证链条和皮带的运动在同一平面内。

2. 其他部件的安装要求

(1)电机的安装。将电机和罩壳一起安装到机架上。调整电机链轮固定螺丝和传动轴链轮的固定螺钉，保证链条在同一平面内运动。调整电机的固定螺钉，使电机与传动系统的链条处于适宜的张紧状态。

(2)手柄的安装。在没有电源的条件下,可通过手柄进行人工手动作业。

(3)接种盒的安装。接种盒插入两侧板导槽,然后安装防溅挡板。接种盒用盛接毛刷刷出的秕种、枝梗等以及多余的种子,接种盒中有 2/3 杂物时即应清除。

(4)接种筐的安装。将接种筐从种箱下方的一侧插入使用。接种筐用于盛接排种轮排出的多余种子,该种子可倒入种箱内继续使用。

(四)作业准备和作业调整

1. 操作前的准备

应放置在平坦的场地上进行播种作业,当机体不平衡时,可通过调节机架底部的 4 个支撑螺钉来实现机架的平衡。

2. 秧盘导板的调节

当秧盘通过不畅的时候,请调节旋钮,使秧盘尽可能从机架中间通过,以减少阻力。

3. 播种量的调节

(1)播种量的调节主要是通过链轮组合来进行的。本机共设有 3 组链轮,另一组为 19～21 齿,一组为 27～33 齿,还有一组为单个链轮 22 齿,可以组合成 11 个挡位播种量。表 5-6 列出了链轮组合与理论播种量的参考关系。由于所播稻种、芽长及水分含量的不同,实际播量同理论的播量会产生偏差,请在使用过程中实地测试。

表 5-6　链轮组合与理论播种量

理论播量(g)	常规稻	65		75		85		95		105		120		135		145		160		175		185	
	杂交稻			50		55		60		66		72		80		85		91		100		110	
链轮组合		A	B	A	B	A	B	A	B	A	B	A	B	A	B	A	B	A	B	A	B	A	B
		33	19	33	22	27	21	22	19	22	21	21	22	19	22	21	27	19	27	21	33	19	33

(2)需对播量进行微量调节时，可对圆柱形毛刷的位置进行上下调节，出厂时位置设定在标准挡。

调整时先将外壳拆下，找到如图 5-12 所示区域。圆柱形毛刷轴左右相同的位置上设有轴承板。松开左右轴承板上的螺栓，按图示的 3 个位置进行调节，调节到需要的位置后，拧紧调节螺栓。观察口位置在①时，播量减少 5%～10%；观察口位置在②时，播量为标准播量；观察口位置在③时，播量增加 10%左右。

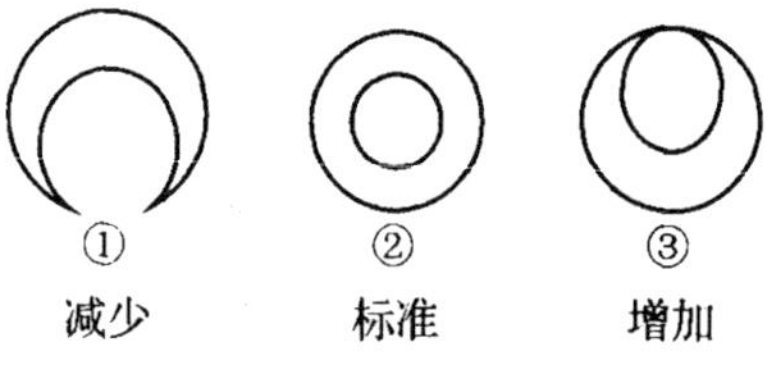

图 5-12　圆柱形毛刷位置观察口示意图

三、育秧播种流水线

育秧播种流水线采用标准硬盘进行播种。在实际生产中，为降低育秧成本，用脱盘的方法，即用硬盘作“母盘”进行脱盘周转，软盘作“子盘”播种育秧，在秧田进行育秧立苗。它可以一次完成铺撒床土、刷平、淋水、播种、覆土等作业环节，并能实现量化调节。自动化程度高，作业质量稳定可靠，有效提高了播种效率，育秧效果好。

（一）主要技术参数

该流水线主要技术参数：外形尺寸长×宽×高 5404 毫米×520 毫米×1150 毫米；结构重量 315 千克；配套电动机功率 250 瓦、转速71 转/分钟电动机 1 台，140 瓦电子调速电机 1 台，180 瓦自吸水泵电机 1 台；箱体容积床土箱 65 升，种子箱20 升，覆土箱 50 升；播种效率 600 盘/小时及 1000 盘/小时两挡；在播种状态下，排种均匀度：空穴率小于 3%，合格率大于 90%；排种量稳定性变异系数不超过 5%。

工作流程：空盘→铺土→刷平→灌水→播种→覆土→完成。

（二）安装与调整

（1）机器前后机架的安装。安装场地必须平整，安装时，先将机架连接处罩壳卸下，使前后机架主梁的上下平面及内侧面各自对齐，用水平尺对机架进行调平，机架调平后用连接板将前后机架连接紧定，再用水平尺复查整个机器是否平整，检查合格后，将前后机架的传动链条装上。

（2）喷水装置的安装。将软管与水泵的进水管相连，软管与水源接通，开机前将水泵灌满水。

（3）接通电源。拆开控制柜包装箱，将控制柜安装在后机架 4 个 M10 螺栓上，按顺序分别将播种机插头（四芯插头）、250 瓦主传动电机插头（三芯插头）、180 瓦水泵电机插头（二芯插头）插上后，再将三相电源线与三相电源相接。

（4）试运转。整机安装结束后，将防护罩壳全部打开，检查各零部件在运输、搬运过程中有无损伤，紧固件是否松动。一切正常后，用机油枪在各传动部件上加润滑油，包括链轮、链条、轴承等传动件，然后将防护罩罩上，开机试车，观察空运转情况，正常运转10～15 分钟即可开始生产作业前的调试工作。

（三）作业条件要求

按照机插育秧的有关要求提前准备好秧盘、床土、种子等物资材料。

秧盘为 58 毫米×28 毫米的通用标准的硬塑盘。为了节约育秧的成本，生产上通常采用硬盘作托盘周转，衬以标准软盘，播种后将软盘脱盘到秧床进行育秧管理。软盘必须平整规范。

本机对芽谷湿度很敏感，芽谷湿度不宜过大，稻种之间不能有黏结。一般以芽谷抓在手上，放开后稻种能自然撒落不黏手为宜。如果稻种黏手，证明芽谷湿度太大，必须经摊晾后才能播种，否则将影响播种量的稳定性和播种均匀性，用户要十分注意这一点。此外，本机用水的水源要清洁，水中不能有漂浮杂物，以免喷水孔堵塞。

（四）操作与使用

1. 确定小时生产率

本机有两挡速度，即生产效率 600 盘/小时和 1000 盘/小时两挡。速度的变化是靠变换床土箱下主传动轴链轮来实现的，主传动轴传动链轮齿数为 27 齿时，秧盘输送速度为 600 盘/小时，换上齿数为 17 齿的链轮时，秧盘的输送速度为 1000 盘/小时，用户可根据需要，自主调换（见图 5-13）。出厂时该机安装的主传动链轮为 27 齿，即生产率为 600 盘/小时。

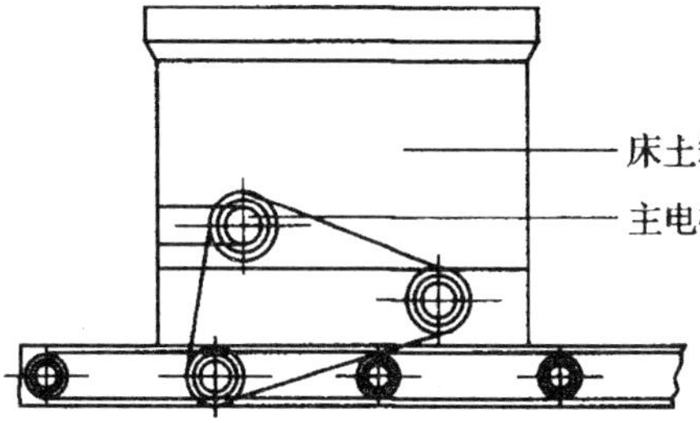

图 5-13　床土箱与主传动轴链轮示意图

2. 床土

排土量的调节是靠旋转齿条轴，使土门上下移动，改变土门与橡胶输送带间隙控制排土量。调试时，秧盘匀速移动，合上床土箱离合器，旋转齿条轴，使土门的开口调整到排出的土量经毛刷滚筒刷后正好达到所需厚度(一般床土厚度为 18～20 毫米)后，将齿条轴锁定即可(见图 5-14)。

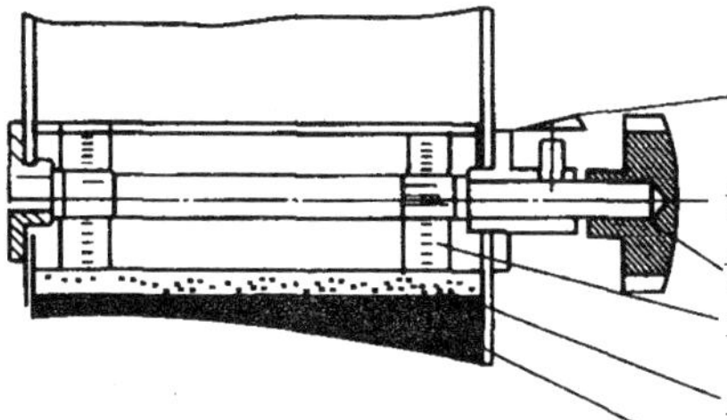

图 5-14　排土量控制装置

3. 刷土

通过调整毛刷滚筒与秧盘的间隙来调整铺土厚度，毛刷滚筒上下调整是靠改变左右滑块的高低来实现的。具体操作：打开刷土装置罩壳,调整滑块高度,调整到床土的厚度达到要求即可(见图 5-15)。

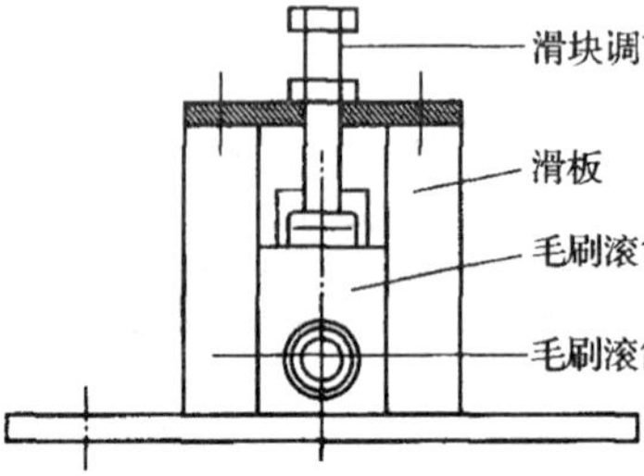

图 5-15 刷土装置

4. 喷水装置

喷水量的大小要因不同的土质、不同的床土湿度来定,原则是床土最底层的土正好湿透。喷水量的大小靠调整水的压力、控制水的流量来实现,一般工作压力为0.08 MPa(注:仅为参考工作压力)。

5. 播种

播种装置是本机的核心装置,具体调试程序如下:

(1)首先确定生产率。本机生产率有 600 盘/小时、1000 盘/小时两挡,由用户确定,若用户确定 1000 盘/小时生产率,则打开控制柜门,门的左上角有一个转换开关,将开关拨指 1000 盘/小时即可(注:出厂时生产率设定在 600 盘/小时上)。

(2)确定每盘播量。根据当地农艺要求,确定每盘所需的播量,将播量值设定在控制柜的播量设定键上(如用户需设定 180 克/盘播量,即将设定键按到"180"数字即可。开机后显示屏上显示的将是 180 克/盘的播量)。

(3)根据生产率、播量,确定充种板的规格。种子箱内的充种口的大小,直接影响充种,充种口的大小一定要与生产率及播量相协调，充种口过大，大量种子将滞留在毛刷滚筒处，而影响播种精度；充种口过小，种充不满窝穴，也将影响播种精度，所以本机根据不同的生产率和播量，配有2块不同规格的充种板，有开口为25毫米、35毫米两种规格。

一般情况下，生产率在600盘/小时，播种在160克/盘以下选用25毫米充种板；在160克/盘以上选用35毫米充种板。生产率在1000盘/小时，可直接选用35毫米充种板。

(4)充种。选定充种板后，在播种箱加种子，打开播种装置毛刷滚筒罩壳，开机观察充种情况，调整左右滑块的高度，使毛刷滚筒与排种轮的间隙，能确保排种轮每穴的种子数为3～4粒。

(5)播量调整及控制。开机，用空秧盘试播3～5盘，然后倒出种子用天平称每盘重量，取平均值，若平均值大于设定值(注：由于稻种的千粒重、含水量有差异，设定值和实际值可能有误差，必要时经微调才能消除误差)。将控制柜微调旋转扭逆时针旋转播量将减少；若称得平均值小于设定值，将微调旋转扭顺时针旋转，实际播量将逐渐增大，直至实际播量与设定播量一致为止。

(6)盖上罩壳，整个播种装置调整结束，可进行生产作业。

6. 覆土

覆土量的调节同床土箱调节一样，所不同的是覆土土层薄，一般不超过6毫米厚，均匀度要求高，不能有露种情况，覆土后10分钟内盘面干土应自然吸湿无白面。调整时注意土门的开口，调好后将调节齿轴锁紧。

播种结束后可在田间脱去硬盘，置软盘于秧床上；也可在室内叠盘增温出芽后，移至秧田进行脱盘。脱出硬盘时，软盘在秧床上横排两行依次平铺，做到紧密整齐，盘底与床面密合。

第四节　水稻抛秧机

水稻抛秧栽培技术是20世纪70年代国内外研究应用的一种水稻栽培方法。它采用软塑穴盘育秧，育秧时每穴秧苗相互独立，当秧苗生长到适合抛栽时，将秧苗从秧盘中取出，均匀地撒于水田，靠秧苗根部土坨下落时的力量贯入泥浆状的田间，从而完成栽植作业。以抛栽替代了传统的插秧作业，大大减轻了劳动强度，提高了劳动效率。

一、水稻抛秧的特点

水稻抛秧的优点：不缓苗，效率高，栽植浅，返青快，分蘖早，具有早熟和增产作用；抢农时，缩短插期，保证适时插秧；省工，减轻劳动强度，降低成本，技术简便易行；对田块要求不太严格。但存在以下不足：抛植的秧苗无序化分布，均匀度差，不能充分利用光照、地力，特别是后期通风透光性差，株与株、穗与穗之间差异较大；基本苗难以控制，分蘖控制更难，高峰苗易过头，成穗率低，产生病虫害概率高；根系分布浅，易倒伏；受天气条件影响大，遇风雨天气时难以操作，特别是抛秧后遇大风雨，会将秧苗吹向田边，造成损失；服务用工较多，实际应用效率和效益不高。

二、抛秧机的工作原理

抛秧机具按秧苗落地方式可分为有序和无序两种。无序的机型有采用离心甩盘式机构的抛秧机，作业时用人工将钵苗从穴盘中拔出，连续放入旋转甩盘，钵苗在离心力作用下呈抛物线甩出，根部土钵落地入土，由于落地自由离散，无规律，故称“无序”。有序的机型有行抛机或摆秧机等，采用机械或人工的方法将钵苗或平盘毯状秧苗从盘中分离出来，放入导苗管落到田面，因钵苗落地成行，故称“有序”（见图 5-16），这种有序抛秧可以成行，株距也可以控制，与插秧相似，通风透光，有利于水稻后期生长，农民容易接受。抛秧机必须使用穴盘培育的带土钵秧苗。

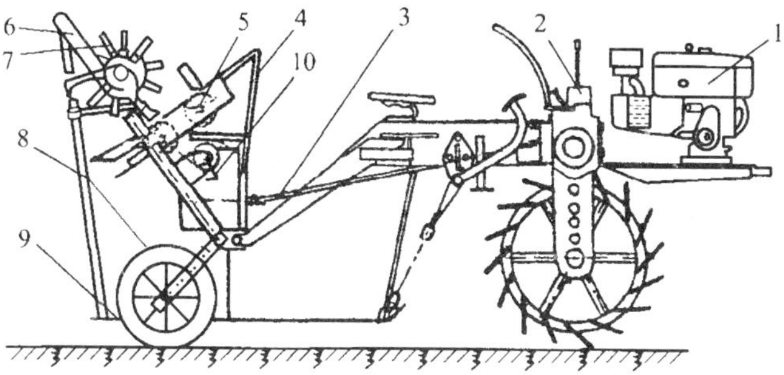

图 5-16　水稻抛秧机

1. 发动机 2. 行走动力总成 3. 万向节传动轴
4. 抛秧托盘总成 5. 纵向进给机构 6. 机架总成
7. 机械手滚筒总成 8. 行走轮 9. 船板 10. 工作传动箱

第五节　水稻直播

水稻直播不需要秧田，还省去育秧和移栽的工序，每公顷可节省 45 个移栽用工，是一种低成本水稻种植技术，可以实现水稻生产全过程机械化。以往水稻直播应用的主要障碍是不容易控制草害。现在，除草剂的使用已解决了这一问题，目前水稻直播面积在我国呈上升趋势。水稻直播是直接把稻种用播种机播入大田的一种水稻栽培技术，水稻直播技术有水直播和旱直播两种。为了提高水稻直播的产量，要求直播水稻的播种期应避开寒潮，并进行严格的田间管理和除草，加强农田水利排灌系统建设，以实行适度规模经营。我国的水直播机型以穴播为主，多数机型可播经浸泡破胸挂浆处理的稻种，有的还可播催芽后的（芽长3毫米内）稻种；旱直播机型以条播为主，多采用小麦条播机在未灌水的田块直接播种，播深控制在2厘米以内，这种方法对地块平整度的要求较高。

水稻旱直播有两种栽培技术，一是在旱地状态对稻田进行耕耙整地，然后旱地播种，播后灌浅水，待稻种发芽、幼根出齐后排水，使田间保持湿润，水稻长至二叶期时再恢复灌水，以后按水稻常规方法管理；二是采用旱种技术，即旱整地，旱地播种，苗期旱长，直到四叶以后才开始灌水，以后按水稻常规方法管理。水稻旱直播生产过程归纳为：选种→耕整土地→平整田块→设置排水沟→施基肥→播种→镇压→小排水沟浸水→田面浅浸水。

水稻水直播是将稻田水耕水整，田面保持水层播种的一种栽培技术。水直播对田面平整度的要求较高，为了方便排灌，防止烂种、烂秧，应将大田块变成若干小田块。同时在播前，种子应进行处理，包括晒种、消毒、催芽等，播种时将已露白的种子晾干，倒入播种机内进行播种。播种后，秧田保持微薄水，待秧苗长至1～2叶时，浅灌水，保持至苗齐。然后排水晒田，至开裂时再灌浅水。播种的同时施足底肥，结合中耕进行适当的除草、喷洒农药等。

直播技术在消除田难平、苗难全、草难除问题后，被认为是节本增效的水稻生产技术。具有以下优点：机械直播操作最简单；机械投资成本最低；用工最省；总作业成本最低；但存在以下不足：

（1）不利于稳产高产。由于直播省略育秧环节，因而播期推迟20～25天，营养生长期缩短，成熟期推迟。

(2)杂草控制较难。水稻直播后全苗和扎根立苗需脱水通气,而化学除草需适当水层,加之水稻直播后稻苗与杂草竞争能力远较移栽弱,易滋生杂草。

(3)出苗受天气条件影响较大。播种后如遇低温阴雨天气,容易烂种死苗。

模块六　植保机械的使用与维修

植保机械是指用于保护作物和农产品免受病、虫、鸟、兽和杂草等危害的机械，通常是指用化学方法防治植物病虫害的各种喷施农药的机械，也包括用化学或物理方法除草和防治病虫害、驱赶鸟兽所用的机械和设备等。

植保机械的种类很多，由于农药的剂型、作物种类和防治对象的多样性，农药的施用方法是不同的，这就决定了植保机械也是多种多样的。从手持式小型喷雾器到拖拉机牵引或自走式大型喷雾机，从地面喷洒机具到装在飞机上的航空喷洒装置，形式多种多样。

第一节　概述

在农作物生长过程中，常常会遭遇病菌、害虫及杂草的危害，这不仅影响作物的产量，也使产品的质量降低，如果不及时防治，会使农业生产受到巨大损失。因此，做好病虫、草、害的防治工作，是保证农业生产实现稳产、高产的重要措施之一。为了经济而有效地进行病虫草害的防治，应发挥各种植物保护方法的积极作用，贯彻“预防为主、综合防治”的方针，把病、虫、草害以及其他有害生物消灭在危害之前，不使其成灾。

一、植保机械的功用

目前，使用的植保机械，其功用早已超出了防治病虫害的范围，它的功用表现在以下几个方面：

（1）喷施杀虫剂、杀菌剂用以防治植物虫害、病害。

（2）喷施化学除草剂用以防治杂草。

（3）喷施病原体及细菌等生物制剂用以防治植物病虫害。

（4）喷施液体肥料进行叶面追肥。

（5）喷施生长调节剂、花果减疏剂促进果实的正常生长与成熟。

（6）撒布人工培养的天敌昆虫进行植物病虫害的生物防治。

（7）对病、虫、草、兽、鸟等施以射线、光波、电磁波、超声波、高压电以及火焰、声响等物理能量，达到控制、驱赶或灭除的目的。

（8）对植物种子进行药剂消毒及包衣处理，用以防治播种后的病虫害。

（9）喷施落叶剂或将作物进行适当处理以便于机械收获。

（10）将农药施于翻整过的地面或注入地下，进行土壤消毒用以防治杂草及地下害虫。

二、主要机型结构特点及用途

喷雾是利用专门的装置把溶于水或油的化学药剂、不溶性材料的悬浮液，各种油类以及油与水的混合乳剂等分散成为细小的液滴，均匀地散布在植物体或防治对象表面达到防治目的，是应用最广泛的一种施药方法。

在农作物的病虫害防治工作中，喷雾器适用于水稻、棉花、小麦、蔬菜、茶、烟、麻等多种农作物的病虫害防治；也适用于农村、城市的公共场所、医院等部门的卫生防疫。

喷雾机的功能是使药液雾化成细小的雾滴，并使之喷洒在农作物的茎叶上。田间作业时对喷雾机的要求：雾滴大小适宜、分布均匀、能达到被喷目标需要药物的部位，雾滴浓度一致、机器部件不易被药物腐蚀、有良好的人身安全防护装置。喷雾机按药液喷出的原理分为液体压力式喷雾机、离心式喷雾机、风送式喷雾机和静电式喷雾机等。此外，如按单位面积施药液量的大小来分，可以分为高容量、中容量、低容量和超低量喷雾机等。喷雾机的主要形式和特点见表 6-1。

表 6-1　喷雾机的主要形式和特点

喷雾机的形式		特点及应用范围
手动喷雾器	压缩式喷雾器	结构简单，制造容易，价格低廉，一般中等劳动力即可操作。适用于小块旱地棉、粮作物，多种经济作物以及温室、仓储喷洒农药，亦可用于害虫的防治
	背负式喷雾器	不需预先充气，边行进边泵药，适于一般水田喷药，亦可用于经济作物、温室以及害虫的防治作业
	踏板式喷雾器	是一种简易高压喷雾器，工作压力和喷雾量比前两种喷雾器高，雾滴细，射程远，适于一般面积的果树病虫害防治，亦可用于建筑粉饰的喷浆
担架式动力喷雾机	担架式弥雾机	利用风机直接将药液雾化，消耗动力小，雾滴细小用水少，射程远，移动方便，机具结构简单，适于水田、棉花、果树以及经济作物等病虫害防治，特别适合于水源方便地区使用
	担架式喷雾机	利用活塞泵或隔膜泵，喷枪射程较远，适于水田、果园、蔬菜等水源方便地区使用

续表

喷雾机的形式		特点及应用范围
大田喷雾机	牵引式大田喷雾机	有悬挂式和牵引式多机型，配备低压、大排量液泵，由拖拉机动力输出轴驱动，长喷杆喷洒幅宽可达12米以上或更宽，生产率高，可喷施杀虫、杀菌剂，化学除草剂以及液肥等，适用于大面积种植单一作物、水源比较方便的地区使用
多用途喷雾机	悬挂式喷雾喷粉机	配备有高压液泵和风机，由拖拉机动力输出轴驱动，具有长喷杆、吊挂喷杆、薄膜喷粉管以及果园喷枪等喷洒部件，可以进行单项作业，也可喷湿粉。适用于旱地大田作物及果树病虫害防治
	背负式植保多用机	消耗动力小，作业机动性好，更换工作部件可进行弥雾、喷粉、喷烟等作业；对于旱地、水田作物以及果树等园艺作物均有较好的适应性
果园弥雾机	牵引式弥雾机	装备有各种型式的风机，有的还装备液泵，利用气流携带细小雾滴能穿透到枝叶内部，喷雾量范围较大。主要用于果树防治，有的兼作大田作物防治。生产率高，消耗动力亦较大。有悬挂式、牵引式等机型
超低量喷雾机	手持式超低量喷雾机	结构简单、价廉，操作方便，喷施高浓度油剂、农药雾滴细微，借助自然风力分布，生产率较高，适用于小面积种植多种作物的防治作业，无风时不能作业
	背负式超低量喷雾机	自带动力和风机，能将细微雾滴吹送至远处分布，除可喷施高浓度油剂农药外，亦可进行弥雾、喷粉等作业。消耗动力小，机动性好，生产率高，适用于旱地、水田作物、果树及各种经济作物的病虫害防治，特别适用于缺水地区使用
烟雾机	手提式烟雾机	作业轻便，发烟量大，喷施油溶性药剂，适用于枝叶茂密的植物及温室、仓储等环境的害虫防治和消毒

第二节　手动喷雾器

一、手动喷雾器的结构

以工农—16 型手动喷雾器为例进行介绍，其结构组成如图 6-1所示。

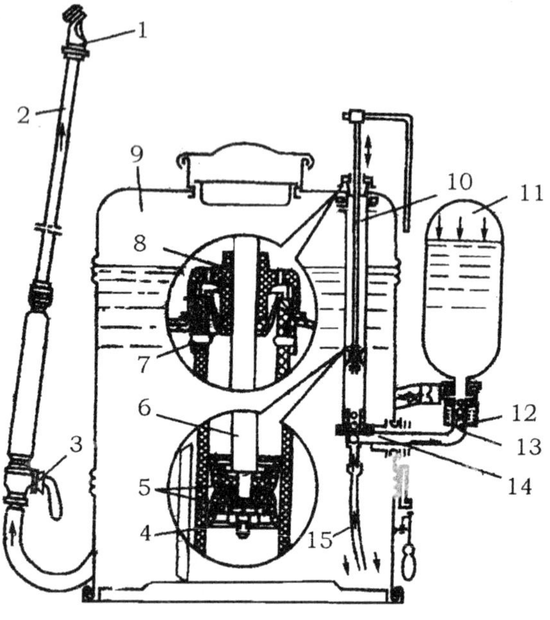

图 6-1　工农—16 型手动喷雾器结构

1. 喷头 2. 喷杆 3. 开关 4. 螺母 5. 皮碗
6. 活塞杆 7. 毡圈 8. 泵盖 9. 药液箱 10. 泵筒
11. 空气室 12. 出水球阀 13. 出水阀座 14. 吸水球阀 15. 吸水管

典型手动喷雾器的液泵为往复式活塞泵，装在药液箱内，由泵盖、泵筒、活塞杆、皮碗、进水球阀、出水球阀和吸水滤网等组成,空气室位于药箱外。喷射部件由胶管、直通开关(截流阀)、套管、喷管和空心圆锥雾喷头等组成。工作时,操作者左手摇动压杆,右手握住手柄套管,即可进行喷雾作业。

当摇动压杆时,连杆带动活塞杆和皮碗,在泵筒内做上下运动,当活塞杆和皮碗上行时,出水球阀关闭,泵筒内皮碗下方的容积增大,形成真空,药液箱内的药液在大气压力的作用下,经吸水滤网,冲开进水球阀,涌入泵筒中。当压杆通过杆件带动活塞杆和皮碗下行时,进水球阀被关闭,泵筒内皮碗下方容积减少,压力增大,所储存的药液即冲开出水球阀,进入空气室。由于活塞杆带动皮碗不断地上下运动,使气室内的药液不断增加,空气室内空气被压缩,从而产生了一定的压力,这时如打开截流阀,气室内的药液在压力的作用下,通过出水接头,压向胶管,流入喷管、喷头体的涡流室,经喷孔呈雾状喷出。

NS－16 型手动喷雾器是根据国外先进技术研制的喷雾器代表产品之一,同类型的产品还有 NS－20、NS－20B 等多种产品,它们与工农－16 型喷雾器的工作原理完全相同。这类喷雾器有如下特点:采用大排量活塞泵,稳压性能突出,操作轻便、省力,摇动次数少,升压快。除了配备我国已普遍采用的切向离心式空心圆锥雾喷头外,还配备了扇形雾喷头(即狭缝喷头)以及可调雾喷头,并配备了 T 形双喷头侧喷杆、U 形双喷头喷杆、T 形双喷头直喷杆以及 T 形四喷头直喷杆,供用户选择使用,以适合不同的施药对象及不同的行间间距之需。采用膜片式揿压截流阀,不易渗漏,操作灵活,既可连续喷洒,也可以点喷,针对性强,可节省农药。

二、施药前的准备工作

1. 气象条件

通过改变喷片孔径大小，手动喷雾器既可作常量喷雾，也可作低容量喷雾。进行低量喷雾时，风速应在1～2米/秒；进行常量喷雾时，风速应小于3米/秒，当风速大于4米/秒时不可进行农药喷洒作业。降雨时和气温超过32℃时也不允许喷洒农药。

2. 机具的调整

(1)背负式喷雾器装药前，应在喷雾器皮碗及摇杆转轴处，气室内置的喷雾器应在滑套及活塞处涂上适量的润滑油。

(2)压缩喷雾器使用前应检查并保证安全阀的阀芯运动灵活，排气孔畅通。

(3)根据操作者身材，调节好背带长度。

(4)药箱内装上适量清水并以10～25次/分钟的频率摇动摇杆，检查各密封处有无渗漏现象；喷头处雾型是否正常。

(5)根据不同的作业要求，选择合适的喷射部件。

喷头选择：喷除草剂、植物生长调节剂使用扇形雾喷头；喷杀虫剂、杀菌剂应用空心圆锥雾喷头。

单喷头：适用于作物生长前期或中后期进行各种定向、针对性喷雾、飘移性喷雾。

双喷头：适用于作物中后期株顶定向喷雾。

横杆式三喷头、四喷头：适用于蔬菜、花卉及水田、旱田进行株顶定向喷雾。

三、施药中的技术规范

(1)作业前先按操作规程配制好农药。向药箱内加注药液前，一定要将开关关闭，以免药液漏出，加注药液要用滤网过滤。药液不要超过桶壁上所示水位线位置。加注药液后，必须盖紧桶盖，以免作业时药液漏出。

（2）背负式喷雾器作业时，应先压动摇杆数次，使气室内的气压达到工作压力后再打开开关，边走边打气喷雾。如压动摇杆感到沉重，就不能过分用力，以免气室爆炸。对于工农－16型喷雾器，一般走2～3步摇杆上下压动一次；每分钟压动摇杆18～25次即可。

（3）作业时，空气室中的药液超过安全水位时，应立即停止压动摇杆，以免气室爆裂。

（4）压缩喷雾器作业时，加药液不能超过规定的水位线，保证有足够的空间储存压缩空气，以便使喷雾压力稳定、均匀。

（5）没有安全阀的压缩喷雾器，一定要按产品使用说明书上规定的打气次数打气（一般30～40次），禁止加长杠杆打气和两人合力打气，以免药液桶超压爆裂。压缩喷雾器使用过程中，药液压力会不断下降，当喷头雾化质量下降时，要暂停喷雾，重新打气充压，以保证良好的雾化质量。

（6）针对不同的作物，病虫草害和农药选用正确的施药方法。

一般情况下，正常的施药方法有以下几种：

（1）土壤处理喷洒除草剂施药质量要求。易于飘失的小雾滴要少，避免除草剂雾滴飘移引起的作物药害；药剂在田间沉积分布均匀，保证防治效果，避免局部地区药量过大造成的除草剂药害。因此，除草剂应采用扇形雾喷头，操作时喷头离地高度、行走速度和路线应保持一致；也可用安装二喷头、三喷头的小喷杆喷雾。

如用空心圆锥雾喷头，操作者摆动喷杆喷洒除草剂，喷头在喷幅内呈“Z”字形运动，药剂沉积分布不均匀。试验测定，若施药量大，操作者行走速度慢，药剂沉积分布变异系数就小。因此，这时要求施药量为600升/公顷。

(2)当用手动喷雾器喷雾防治作物病虫害时，最好选用小喷片，切不可用钉子人为把喷头冲大。这是因为小喷片喷头产生的农药雾滴较粗大喷片的雾滴细，对病虫害防治效果好。

(3)使用手动喷雾器喷洒触杀性杀虫剂防治栖息在作物叶背的害虫(如棉花苗蚜)，应把喷头朝上，采用叶背定向喷雾法喷雾。

(4)使用喷雾器喷洒保护性杀菌剂，应在植物未被病原菌侵染前或侵染初期施药，要求雾滴在作物靶标上沉积分布均匀，并有一定的雾滴覆盖密度。

(5)使用手动喷雾器行间喷洒除草剂时，一定要配置喷头防护罩，防止雾滴飘移造成的邻近作物药害；喷洒时喷头高度保持一致，力求药剂沉积分布均匀，不得重喷和漏喷。

(6)几架药械同时喷洒时，应采用梯形前进，下风侧的人先喷，以免人体接触药液。

四、施药后的技术规范

(1)机具作业后的保养。喷雾器每天使用结束后，应倒出桶内残余药液，加入少量清水继续喷洒干净，并用清水清洗各部件，然后打开开关，置于室内通风干燥处存放。

铁制桶身的喷雾器，用清水清洗完后，应擦干桶内积水，然后打开开关，倒挂于室内干燥阴凉处存放。

喷洒除草剂后，必须将喷雾器彻底清洗干净，以免喷洒其他农药时对作物产生药害。

凡活动部件及非塑料接头处应涂黄油防锈。

(2)残液的处理。喷洒农药的残液或清洗药械的污水，应选择安全地点妥善处理，不准随地泼洒，防止污染环境。

五、手动喷雾器的维修

手动喷雾器常见故障及排除方法见表6-2。

表6-2　手动喷雾器常见故障及排除方法

故障现象	故障原因	排除方法
手压摇杆(手柄)感到不费力，喷雾压力不足，雾化不良	进水阀被污物堵塞 皮碗干缩硬化或损坏 连接部位未装密封圈或密封圈损坏 NS—16型上的吸水管脱落 NS—16型上的安全阀卸压	拆下进水阀，清洗 把皮碗放在动物油或机油里浸软；更换新品 加装或更换密封圈 拧开胶管螺帽，装好吸水管 更换安全阀弹簧
手压摇杆(手柄)时用力正常，但不能喷雾	喷头堵塞 套管或喷头滤网堵塞	拆开清洗，注意不能用铁丝等硬物捅喷孔，以免扩大喷孔，使喷雾质量变差拆开清洗
泵盖处漏水	药液加得过满，超过泵筒上的回水孔 NS—16型胶管螺帽未拧紧	倒出些药液，使液面低于水位线 拧紧胶管螺帽
各连接处漏水	螺纹未旋紧，密封圈损坏或未垫好，直通开关芯表面缺少油脂	旋紧螺纹 垫好或更换密封圈，在开关芯上薄薄地涂上一层油脂
直通开关拧不动	开关芯被农药腐蚀而黏住	拆下开关，放在煤油或柴油中清洗；如拆不开，可将开关放在煤油中浸泡一些时间后再卸

第三节　背负式机动喷雾喷粉机

一、背负式机动喷雾喷粉机的结构

以 WFB—18 AC 型背负式机动喷雾喷粉机为例进行介绍，其结构组成如图 6-2 所示。该机主要由机架、离心风机、汽油机、油箱、药箱和喷洒装置等部件组成。

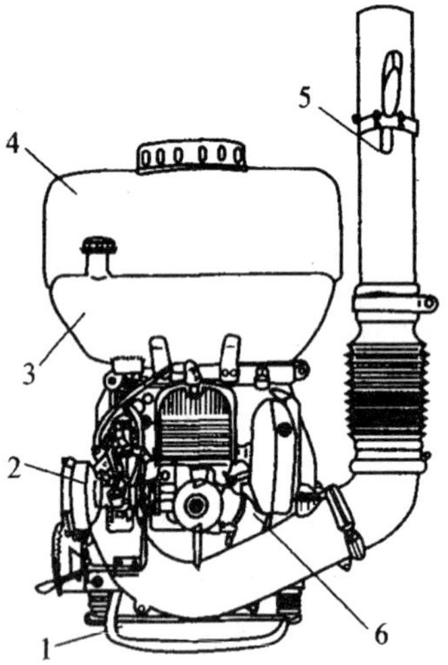

图 6-2　WFB—18 AC 型背负式机动喷雾喷粉机

1. 机架 2. 汽油机 3. 油箱 4. 药箱 5. 喷管 6. 风机

(1)机架总成。机架总成是安装汽油机、风机、药箱等部件的基础部件。它主要包括机架、操纵机构、减振装置、背带和背垫等部件。

(2)离心风机。风机一般采用小型高速离心风机，它的功用是产生高速气流，使药液雾化或将药粉吹散，并将其送向远方。

(3)药箱。药箱的功用是盛放药液或药粉,根据不同作业,药箱内的结构有所变化,只要更换部分零件就可以变为药液箱或药粉箱,完成喷雾或喷粉作业。药箱主要部件包括药箱体、药箱盖、过滤网、粉门、进气管、吹粉管、输粉管等。

(4)喷洒装置。喷洒装置的功用是输风、输粉流和药液,主要包括弯头、蛇形管、直管、弯管、喷头、药液开关和输液管等。其中,喷头是主要的工作部件,图 6-3 是两种弥雾喷头。

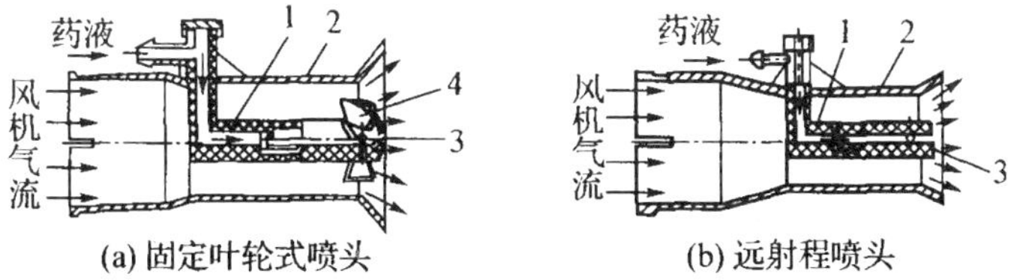

图 6-3　机动背负式喷雾喷粉机喷射部件

1. 药液管　2. 喷头体　3. 出液孔　4. 固定叶片

(5)配套动力。背负式喷雾喷粉机的配套动力都是结构紧凑、体积小、转速高的二冲程汽油机。目前,国内背负式喷雾机的配套汽油机的转速为 5000～8000 转/分钟,功率为 0.8～2.94 kW。目前,5500 转/分钟以下的背负机的产量占全部产量的 75%以上。该类机工作转速低,对发动机零部件精度要求低,可靠性易保证。0.8 kW 的小功率背负机主要用于庭院小块地喷洒;1.18～2.1 kW 的背负机主要用于农作物病虫害防治;而 2.94 kW 以上的大功率背负机,由于其垂直射程较高,多用于树木、果树等病虫害防治。

(6)油箱。容量一般为 1 升,在出油口处装有一个油开关。在油箱的进油口和出油口配置滤网,进行二级过滤,确保流入汽化器主量孔的燃油清洁,无杂质。

(7)输粉结构。有外流道式(输粉管在风机壳外)和内流道式(输粉管在风机壳内)。外流道式结构简单、维修方便,而内流道式可减少药粉的泄漏,且外部整洁美观。

二、背负式喷雾喷粉机的选购

(一)机型选择

购机时应根据防治作物及班次生产率要求确定所购机具的型号。具体参阅各机型技术参数。

(二)机具牌号选择

选定机型后可按下列原则选择机具牌号:

(1)选择获省级以上奖的产品,优质产品或近几年国家产品质量抽检合格的产品。

(2)选择有厂名、地址,产品售后服务完善的产品。

(3)主要技术参数基本相同的情况下,应选择整机重量轻、零部件强度高、耐腐蚀性好、发动机工作可靠、油耗低的机具。

(三)购买挑选方法

(1)外观检查金属油漆件应无明显的油漆脱落、露底、流挂、锈迹、碰瘪、毛刺等缺陷。塑料件颜色应鲜亮不得掺有回料,且不应有碰裂、碰瘪现象。

(2)装配质量检查手拨发动机主轴(拆下火花塞)检查各旋转部件有无卡死、擦碰等现象;检查操纵机构的灵活性、可靠性。

(3)检查整机完整性安装箱清单,清点随机工具、备件。

三、使用、日常保养及故障排除

(一)使用方法

用户在购机后,首先应认真阅读产品使用说明书,熟悉背负式喷雾喷粉机的结构和工作原理,使用时应严格按产品使用说明书中规定的操作步骤和方法进行。有条件的应参加生产厂或植保站等单位举办的用户培训班。该机使用方法简述如下。

1. 启动前的准备

检查各部件安装是否正确、牢固；新机器或封存的机器首先排除缸体内封存的机油：卸下火花塞，用左手拇指稍堵住火花塞孔，然后用启动绳拉几次，将多余油喷出；将连接高压线的火花塞与缸体外部接触；用启动绳拉动启动轮，检查火花塞跳火情况，一般蓝火花为正常。

2. 启动

(1)加燃油。本机采用的是单缸二冲程汽油机，烧的是混合油，即机油和汽油的混合油。汽油为 92～95 号，汽油与机油的混合比为 15∶1～20∶1(容积比)。或用二冲程专用机油，汽油与机油的混合比为 35∶1～40∶1。汽油、机油均应为未污染过的清洁油，并严格按上述比例配制。配制后要摇晃均匀，经加油口过滤网倒入油箱。

(2)开燃油阀。开启油门，将油门操纵手柄往上提 1/3～1/2 位置。

(3)揿加油杆至出油为止。

(4)调整阻风门。关闭 2/3，热机启动可位于全开位置。

(5)拉启动绳起动。起动后将阻风门全部打开，同时，调整油门使汽油机低速运转 3～5 分钟。

若汽油机启动不了或运转不正常，应分别检查电路和油路。调整检查方法：调整断电器间隙在 0.2～0.3 毫米；调整火花塞电极间隙在 0.6～0.7 毫米，火花塞电极间有积炭应及时清理；按汽油机使用说明书调整点火提前角；油路应畅通。

3. 喷洒作业

(1)喷雾作业方法。全机具应处于喷雾作业状态，先用清水试喷，检查各处有无渗漏。然后根据农艺要求及农药使用说明书配比药液。药液经滤网加入药箱，盖紧药箱盖。

机具启动，低速运转。背机上身，调整油门开关使汽油机稳定在额定转速左右。然后开启手把开关。

喷药液时应注意：开关开启后，严禁停留在一处喷洒，以防引起药害；调节行进速度或流量控制开关(部分机具有该功能开关)控制单位面积喷量。

因弥雾雾粒细、浓度高，应以单位面积喷量为准，且行进速度一致，均匀喷洒，谨防对植物产生药害。

(2)喷粉作业方法。机具处于喷粉工作状态，关好粉门与风门。所喷粉剂应干燥，不得有杂物或结块现象。加粉后盖紧药箱盖。

机具起动低速运转，打开风门，背机上身。调整油门开关使汽油机稳定在额定转速左右。然后调整粉门操纵手柄进行喷撒。

4. 停止运转

先将粉门或药液开关关闭。然后减小油门使汽油机低速运转，3～5 分钟后关闭油门，关闭燃油阀。

使用过程中应注意操作安全，注意防毒、防火、防机器事故发生。避免顶风作业，操作时应佩戴口罩，一人操作时间不宜过长。

(二)日常保养

每天工作完毕应按下述内容进行保养：第一，药箱内不得残存剩余粉剂或药液。第二，清理机器表面(包括汽油机)的油污和灰尘。第三，用清水洗刷药箱，尤其是橡胶件、汽油机切勿用水冲洗。第四，拆除空气滤清器，用汽油清洗滤网。喷撒粉剂时，还应清洗化油器。第五，检查各部螺钉是否松动、丢失，油管接头是否漏油，各接合面是否漏气，确定机具处于正常工作状态。第六，保养后的机具应放在干燥通风处，避免发动机因受潮、受热而导致汽油机起动困难。

机具定期保养及长期存放保存方法，请详见各机具使用说明书。

(三)常见故障、产生原因及排除方法

常见故障、产生原因及排除方法见表 6-3。

表 6-3　常见故障、产生原因及排除方法

故障现象	产生原因	排除方法
粉量前多后少	机器本身存在着前多后少缺点	开始时可用粉门开关控制喷量
粉量开始就少	1. 粉门未全开	1. 全部打开
	2. 粉湿	2. 换用干粉
	3. 粉门堵塞	3. 清除堵塞物
	4. 进风门未全开	4. 全打开
	5. 汽油机转速不够	5. 检查汽油机
药箱跑粉	1. 药箱盖未盖正	1. 重新盖正
	2. 胶圈未垫正	2. 垫正胶圈
	3. 胶圈损坏	3. 更换胶圈
不出粉	1. 粉过湿	1. 换干粉
	2. 进气阀未开	2. 打开
	3. 吹粉管脱落	3. 重新安装
粉进入风机	1. 吹粉管脱落	1. 重新安装
	2. 吹粉管与进气胶圈密封不严	2. 封严
	3. 加粉时风门未关严	3. 先关好风门再加粉
叶轮组装擦机风壳	1. 装配间隙不对	1. 加减垫片，调整间隙
	2. 叶轮组装变形	2. 调平叶轮组装(用木槌)

续表

故障现象	产生原因	排除方法
喷粉时发生静电	喷管为塑料制件，喷粉时粉剂在管内高速冲刷造成摩擦起电	在两卡环之间连一根铜线即可，或用一金属链一端接在机架上，另一端与地面接触
喷雾量减少或喷不出来	1. 喷嘴堵塞	1. 旋下喷嘴清洗
	2. 开关堵塞	2. 旋下转芯清洗
	3. 进气阀未打开	3. 开启进气阀
	4. 药箱盖漏气	4. 盖严、检查胶圈是否垫正
	5. 汽油机转速下降	5. 检查下降原因
	6. 药箱内进气管拧成麻花状	6. 重新安装
	7. 过滤网组合通气孔堵塞	7. 扩孔疏通
垂直喷雾时不出雾	如无上述原因，则是喷头抬得过高	喷管倾斜一角度达到射高目的
输液管各接头漏液	塑料管因药液浸泡变软致使连接松动	用铁丝拧紧各接头或换新塑料管
手把开关漏水	1. 开关压盖未旋紧	1. 旋紧压盖
	2. 开关芯上的垫圈磨损	2. 更换新垫圈
	3. 开关芯表面油脂涂料少	3. 在开关芯表面涂一层少量浓油脂
药箱盖漏水	1. 未旋紧药箱盖	1. 旋紧药箱盖
	2. 垫圈不正或胀大	2. 重新垫正或更换垫圈

第四节　担架式机动喷雾机

一、担架式机动喷雾机的结构

担架式机动喷雾机是喷射式机动喷雾机的主要机型，具有工作压力高、喷雾幅宽、工作效率高、劳动强度低等优点，是一种主要用于水稻大、中、小不同田块病虫害防治的机具，也可用于供水方便的大田作物、果园和园林病虫害防治。下面以高效宽幅远射程机动喷雾机系列机型为例，对该类机具进行介绍。

工作原理：启动动力机，由动力带动液泵工作，产生的高压水流经调压阀调节出水压力后由宽幅远射程喷射部件雾化喷出，形成所需高压宽幅均匀雾流。该机主要部件由机架（担架式或框架式）、动力机（汽油机、柴油机或拖拉机等）、液泵（活塞泵、柱塞泵或活塞隔膜泵）、压力表、调压卸荷部件、传动部件、吸水部件和喷洒部件（宽幅远射程喷枪）等组成，有的还配用了混药器、过滤器和卷管架等，如图 6-4 所示。

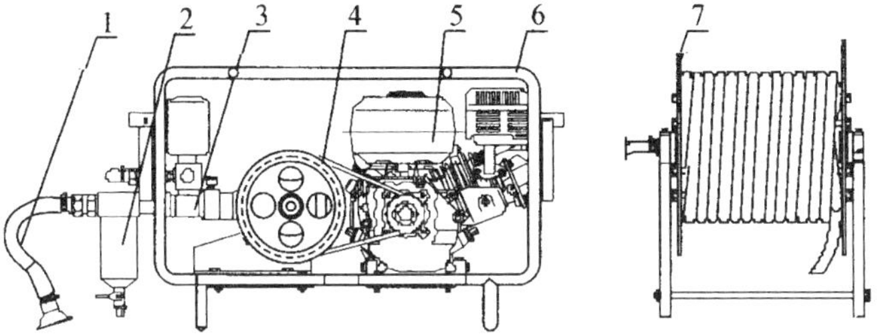

图 6-4　担架式高效宽幅远射程机动喷雾机

1. 吸水部件　2. 过滤器　3. 三缸柱塞泵

4. 传动装置　5. 汽油机　6. 机架　7. 卷管架

（一）动力机

便携式机型的动力为二冲程小型汽油机，功率范围在1.5～2.9 kW，传动部件为减速齿轮副。担架（框架）式机型的动力为四冲程小型汽油机，功率范围在 3.5～5 kW，传动部件为三角胶带。车载式机型采用所配拖拉机动力，小四轮拖拉机与 50 拖拉机采用动力输出轴传动。为了操作安全，传动部分必须有安全防护罩，以保护人身安全和防止杂物缠入。

（二）液泵

喷雾机配置的液泵主要以往复式容积泵为主，如活塞泵、柱塞泵和活塞隔膜泵等。它们的基本特点是压力可以根据需要在一定范围内调节，而泵的排量变化较小，需有安全阀和调压阀与其配套使用。但是往复式容积泵由于压力存在波动性，因此一般都配备空气室，用于稳定压力。移动作业，要求质量轻、转速高。因工作介质一般是药液，故制造液泵的常用材料为铝合金、塑料、铜和不锈钢等。

该机配用的液泵为往复式三缸柱塞泵。三缸柱塞泵流量恒定，运转平稳，可产生较高的工作压力，以满足配置需求。同时，三缸柱塞泵的柱塞与泵室不接触，柱塞利用V形密封圈密封，柱塞不易磨损，使用寿命长。尤其采用陶瓷柱塞泵时，效果更加明显。

液泵所配置的调压阀是调节和控制液泵排出液体压力高低和卸去压力负荷的装置，它是利用调节压缩弹簧的弹力与出水压力相平衡来控制或调节压力的。压力指示器或压力表用来指示液泵排出药液压力的大小。

（三）喷枪

喷枪有远射程式喷枪、可调式喷枪和多头组合喷枪。各种喷枪由于结构形式不同，喷出雾流形状、雾化效果均不相同，应根据不同的作物和不同的施洒要求配置不同的喷枪，改善雾滴的附着率，减少药液的流失。

(1)远射程式喷枪。由喷嘴帽、喷嘴、垫圈、并紧帽、扩散片、枪管和手柄等组成（见图 6-5），也称单孔式喷枪，喷嘴为圆锥形孔，孔径为 3～5 毫米。雾化原理是：当高压药液通过喷嘴时，形成高速射流，与相对静止的空气撞击后破碎雾化。如装上扩散片，能使喷出的药液因受其冲击，而成为较细的雾滴，这样便可保证近处的作物获得均匀散布的雾滴，从而增大喷幅。其特点是喷液量大，射程较远，雾滴较粗，适合水田、果树的大容量喷雾。

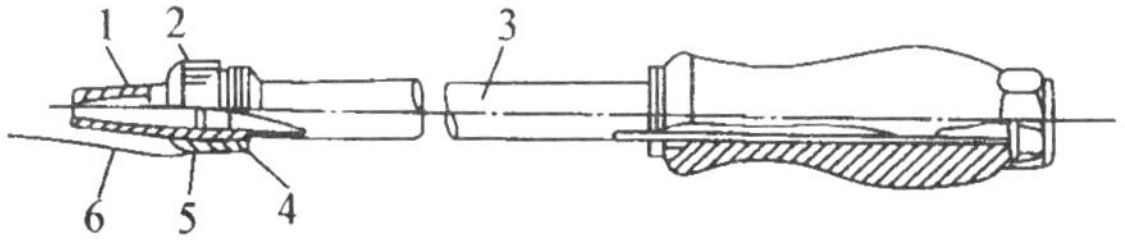

图 6-5　远射程式喷枪

1. 喷嘴 2. 喷嘴帽 3. 枪管 4. 并紧帽 5. 垫圈 6. 扩散片

(2)可调式喷枪。又称为果园型喷枪，由喷嘴、旋水芯、调节杆、枪管、压帽和手轮等组成(见图 6-6)。在喷头体内装有一个前后移动的控制杆，可调节雾流形状。

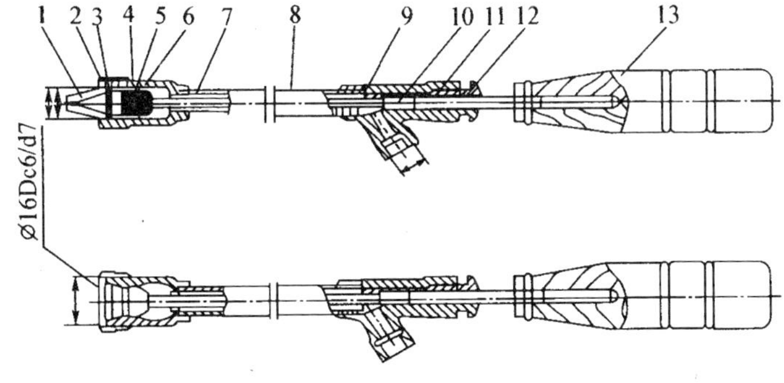

图 6-6　可调式喷枪

1. 喷嘴 2. 喷嘴帽 3. 塑料垫圈 4. 喷头帽座
5. 关闭塞 6. 旋水芯 7. 调节管 8. 枪管 9. 三通 10. 调节杆
11. 密封圈 12. 压帽 13. 调节手轮

雾化原理与远射程式喷枪相似，即在作业中药液通过液泵增压流过旋水芯时，便形成涡流，通过涡流室以很高的速率射出喷孔，由于离心力的作用，药液雾化成圆锥雾体。

（3）宽幅远射程多头组合喷枪。喷枪采用远射雾喷头、圆锥雾喷头和扇形雾喷头等多种型式喷头组合，如四喷头组合喷枪（见图 6-7）、宽幅远射程环形喷枪和杆式喷枪。由于远射雾喷头的射程远、雾滴粗，而大孔径的圆锥雾喷头相对射程近、雾滴细，小孔径的圆锥雾喷头和扇形雾喷头射程更近、雾滴也相对更细，这样可使得从喷枪喷出的雾滴沿射程方向形成宽幅远射程均匀分布的喷雾幕帘（见图 6-8），使用中大大提高了作业效率，并且可根据不同田块大小选择合适的喷枪作业，在成片水稻田的病虫害防治中是值得推广应用的新型机具。

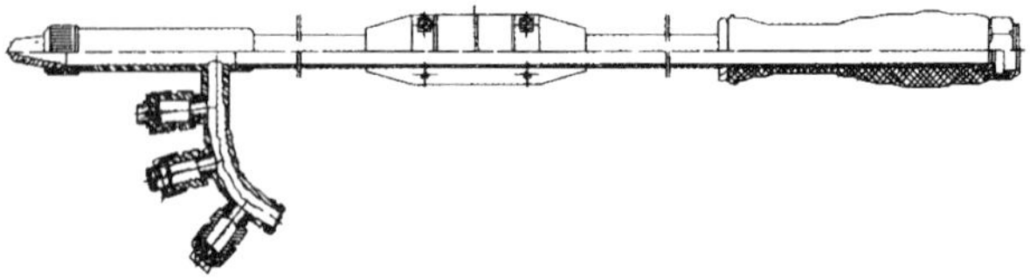

图 6-7　宽幅远射程多头喷枪

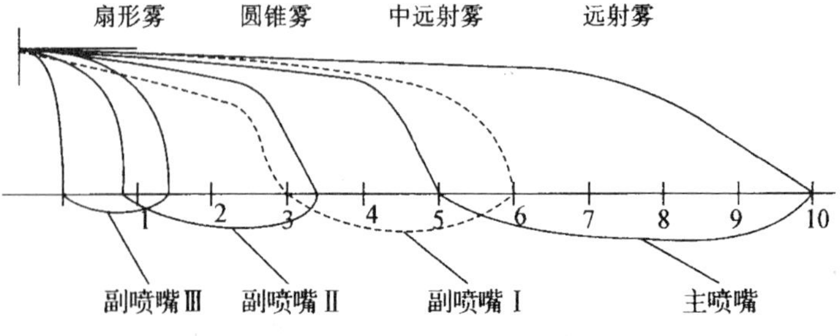

图 6-8　宽幅远射程多头喷枪各喷嘴流量、喷幅主要分布范围

（四）喷雾软管

喷雾软管目前通用的有两种规格：软管内径为 8 毫米和 13 毫米，其长短根据不同机型配置。在该机系列机型中，均配置 13 毫米喷雾软管，其长度根据机型不同而不同。

（五）药箱

在车载式机型中配有 350 升和 600 升不同规格的药箱。药箱内装有由吸水管和吸水滤网组成的吸水部件，装有进水管和回水管。作业时液泵先将水由进水管注入药箱，与农药原液配成喷洒药液，再由液泵将药液由吸水部件吸入并喷出，多余的药液则由回水管回到药箱，并对药液进行搅拌，以保证药液浓度均匀。

（六）机架

一般用钢管或角钢焊接而成，用于安装液泵等工作部件，其结构形式根据机型不同而不同。便携式、担架式（框架式）机动喷雾机的机架装有把手，由操作人员手提和抬着机架进行田间转移；车载式机动喷雾机的机架固定在拖拉机上，田间作业转移由拖拉机来完成。发动机和泵的地脚安装孔一般为长孔，用以调节皮带松紧度。为了操作安全，三角皮带传动部分必须有安全防护罩，以保护人身安全和防止杂物进入。

（七）卷管机

高效宽幅远射程机动喷雾机系列配有各种卷管机，其作用是将较长的喷雾软管卷放整齐，便于田间操作与转移。便携式机型配置 JG20 型卷管机，可卷管长 20 米；担架式，可卷管长 50 米；车载式机型配置 JG100 型卷管机两个，可卷两根管长 100 米。

（八）自动混药器

其作用是喷雾时药箱内只装清水，或用吸水头直接从水源处取水，药液由混药器自动吸入喷雾管路中，最后由喷枪喷出。混药器只能在大喷雾量情况下配合喷枪工作，不适用于一般的喷头工作。射流式混药器的工作原理是，从液泵排出的高压水流通过渐缩形射嘴，在混药室内形成足够的真空度，将药液从药液箱内吸入混药室，与水流自动混合均匀，经过喷洒部件喷出。

二、担架式喷雾机的维护保养

（1）每天作业完后，应在使用压力下，用清水继续喷洒2～5分钟，清洗泵内和管路内的残留药液，防止药液残留内部腐蚀机件。

（2）卸下吸水滤网和喷雾胶管，打开出水开关；将调压阀减压手柄往逆时针方向扳回，旋松调压手轮，使调压弹簧处于自由松弛状态。再用手旋转发动机或液泵，排除泵内存水，并擦洗机组外表污物。

（3）按使用说明书要求，定期更换曲轴箱内机油。遇有因膜片（隔膜泵）或油封等损坏，曲轴箱进入水或药液，应及时更换零件，修复好机具并提前更换机油。清洗时应用柴油将曲轴箱清洗干净后，再换入新的机油。

（4）当防治季节工作完毕，机具长期储存时，应严格排除泵内的积水，防止天寒时冻坏机件。应卸下三角皮带、喷枪、喷雾胶管、喷杆、混药器、吸水滤网等，清洗干净并晾干。能悬挂的最好悬挂起来存放。

（5）对于活塞隔膜泵，长期存放时，应将泵腔内机油放净，加入柴油清洗干净，然后取下泵的隔膜和空气室隔膜，清洗干净。

三、常见故障及排除方法

液泵无排液量或排液不足的故障排除方法，见表 6-4；压力调不高，喷出药液无冲击力的故障排除方法，见表 6-5；压力表指示不稳定的故障排除方法，见表 6-6；混药器吸不上母液或混药不匀的故障排除方法，见表 6-7；喷嘴、喷头雾化不良的故障排除方法，见表 6-8；漏水、漏油的故障排除方法，见表 6-9；泵体过热的故障排除方法，见表 6-10。

表 6-4　液泵无排液量或排液不足故障排除方法

原因	排除方法
1. 新的液泵或有一段时间不用的液泵，因空气在里面循环而吸不上液体	1. 使调压阀在“加压”状态，以切断空气的循环通路，并打开截止阀，来排除空气
2. 吸水滤网孔堵塞或滤网露出液外	2. 清除堵塞物，将网全部浸入液体中
3. 吸水滤网或回水管的接头螺母内未放垫圈	3. 加放垫圈，拧紧螺母
4. 三角胶带太松，有跳动打滑现象，或发动机转速未调整到正常运转状态	4. 调整胶带张紧度，或调整发动机转速，使液泵达到规定的转速
5. 活塞碗损坏或装反，不起活塞作用	5. 更换活塞碗或调整安装方向
6. 活塞碗托与平阀密合处，或出水阀与平阀密合处有杂质阻塞，或这些阀的平面损坏	6. 去除杂质，阀平面损坏轻微的可用砂布打光，不能修整时应换新阀
7. 唧筒磨损或拉毛	7. 更换唧筒
8. 出水阀弹簧折断或磨损	8. 更换弹簧
9. 出水臂道如截止阀、喷枪、混药器等处堵塞	9. 清除堵塞物，保持畅通
10. 柱塞密封圈未压紧或已损坏，漏水严重	10. 压紧密封圈或更换，压注润滑脂
11. 隔膜破裂	11. 更换

表 6-5 压力调不高,喷出药液无冲击力故障排除方法

原因	排除方法
1. 调压阀压力未调好,调压柄未板足,使回水增多,因而压力不高	1. 把调压柄向逆时针方向扳足,再把调压轮向"高"的方向旋紧,以调高压力
2. 调压阀阀门与阀座之间有杂质或磨损破裂	2. 去除杂质,更换阀门或阀座
3. 调压阀因污垢阻塞而卡死,不能随压力变化而上下滑动	3. 拆开清洗,加注少量润滑油,使上下滑动灵活
4. 调压阀弹簧断裂	4. 更换

表 6-6 压力表指示不稳定故障排除方法

原因	排除方法
1. 压力表柱塞因污垢而卡死,不能随压力变化而上下滑动	1. 拆开清洗,加注少量润滑油,使上下滑动灵活
2. 吸水滤网堵塞	2. 清除杂物
3. 阀门被杂物捆住或损坏	3. 清除杂物或更换
4. 隔膜气室充气不足或隔膜破裂或气嘴漏气	4. 打气,更换隔膜或气嘴

表 6-7 混药器吸不上母液或混药不匀故障排除方法

原因	排除方法
1. 液泵流量不足,压力不高,流速低,工作不正常	1. 调整液泵使其工作正常
2. 射嘴与衬套的间隙不对或内孔磨损	2. 用16毫米×20毫米×0.6毫米镀锌垫圈调整间隙到1.5~2.6毫米,或更换磨损的射嘴与衬套
3. 喷雾胶管接得太长	3. 以不超过60米为宜
4. 吸药滤网堵塞或塑料吸引管损坏	4. 清除堵塞物或更换吸引管
5. 停车时水倒流入母液,由于玻璃球磨损或T形接头的阀线损坏	5. 更换玻璃球或T形接头
6. 选用的喷射部件不适当	6. 换装适用的喷射部件

表 6-8　喷嘴、喷头雾化不良故障排除方法

原因	排除方法
1. 喷枪喷嘴有杂质堵塞或喷嘴孔磨损过大	1. 清除杂质或更换新喷嘴
2. 喷头孔堵塞，喷头片孔或旋水套磨损	2. 清除杂质或更换喷头片、旋水套

表 6-9　漏水、漏油故障排除方法

原因	排除方法
1. 压力表柱塞上密封环损坏，或柱塞方向装反，形成表下小孔漏水	1. 更换密封环，调换方向（有密封环的一端向下）
2. 调压阀阻塞，上密封环损坏，形成套管处漏水	2. 更换密封环
3. 气室座、吸水座的密封环槽内有杂质或密封环损坏，形成与唧筒或吸水管接合处漏水	3. 清除杂质或更换密封环
4. 山形密封圈方向装反或损坏，形成吸水座下小孔漏水或漏油	4. 调整安装方向或更换山形密封圈（按结构零件图安装）
5. 油封损坏，形成轴承透盖近曲轴伸出端漏油	5. 更换油封或用细砂布修整轴颈，严重的可调换曲轴
6. 螺钉未拧紧或衬垫掼坏，形成轴承盖或轴承透盖的下方有油渗漏	6. 拧紧螺钉或更换衬垫
7. 螺钉未柠紧或箱盖垫片损坏，形成油窗下方有油渗漏	7. 拧紧螺钉或更换箱盖垫片
8. 柱塞密封破损	8. 更换

表 6-10　泵体过热故障排除方法

原因	排除方法
1. 曲轴箱润滑油太少	1. 加油
2. 轴承间隙及其他配合部分间隙不当	2. 检查、调整
3. 零件清洗不净或毛刺未除	3. 清洗、去毛刺

第五节　喷杆式机动喷雾机

喷杆式喷雾机是一种将喷头装在横向喷杆或竖喷杆上的机动喷雾机。该类喷雾机作业效率高，喷洒质量好，喷液量分布均匀，适合于大面积喷洒各种农药、肥料和植物生长调节剂等的液态制剂，广泛用于大田作物、球场草坪管理及某些特定的场合（如机场融雪、公路除草和苗圃灌溉等）。

用于水稻大面积病虫害防治作业的一般是悬挂式喷杆喷雾机，喷杆部件通过拖拉机三点悬挂装置与拖拉机相连接，液泵由拖拉机动力输出轴驱动，药箱容积一般为 200～800 升，喷杆水平配置，喷头直接装在喷杆下面，这是最常用的一种机型。喷杆长度不等，喷幅一般为 8 米、12 米、24 米等规格，并安装有水田专用行走轮，以适应水稻田特殊的工作条件。

一、喷杆式喷雾机原理

喷杆式喷雾机的种类众多，但其构造和原理基本相同。典型喷杆喷雾机的工作原理如图 6-9 所示。

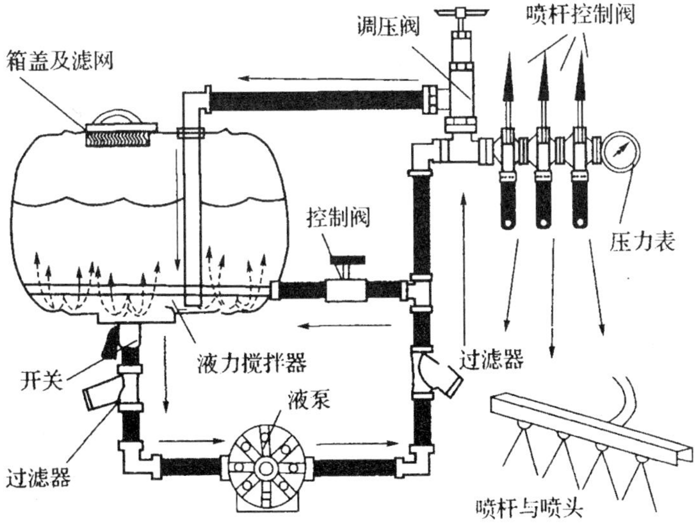

图 6-9　喷杆式喷雾机工作原理图

喷杆式喷雾机工作时，由拖拉机的动力输出轴驱动液泵转动，液泵从药箱吸取药液，以一定的压力排出，经过过滤器后输送给调压分配阀和搅拌装置；再由调压分配阀供给各路喷头，药液通过喷杆上的喷头形成雾状后喷出。调压阀用于控制喷杆喷头的工作压力，当压力高时，药液通过旁通管路返回药液箱。如果需要进行搅拌，可以打开搅拌控制阀门，让一部分药液经过液力搅拌器，返回药液箱，起搅拌作用，保证农药与稀释液均匀混合。药泵和喷头是喷雾装置中对喷雾质量最有影响的零(部)件。药泵能够提供足够的喷雾压力和流量，以保证喷雾质量的基本要求。在此基础上，对不同喷雾指标的满足程度则主要取决于喷头类型和工作参数的选择。

二、喷杆式喷雾机构造

以拖拉机驱动的大田喷杆喷雾机为例，介绍其基本构造与主要部件。

（一）药液箱

大田喷杆喷雾机药液箱的大小取决于配套拖拉机的最大提升质量和操作稳定性。药液箱按其配置形式可分为前后置式、悬挂式、牵引式等。药液箱容量可分为200～800升，需按实际允许负荷和药液箱所需配置的位置选用恰当容量的药液箱。药箱形状为高而窄的矩形，药液箱上有一个直径大于300毫米的加液口，便于加水及擦洗药液箱的内壁。药液箱口安装有大的内嵌式过滤器。药液箱底部安装有一个喷管式搅拌器，即一根沿其长度方向钻有一排孔的管子，产生连续不断的射流冲刷药液箱底部（或用一射流喷头），由喷头喷出的液体可以使药液箱底部药液产生涡流运动，从而起到搅拌液体的作用。

现代大型喷雾机一般装备3个箱体，主药箱体、加药箱（斗）和附加清水箱。加药箱位置比较低，加入原药后再通过射流的方式使加药箱中的原药与水一起进入主箱体。加完药后，可用附加清水箱内的清水冲洗主药箱与加药箱。作业结束后，用清水箱中的清水清洗液泵和管道，并将主药箱中的剩余药液稀释1～10倍，再喷入作业区。清水也用于在田间清洗喷雾机和田间洗手等清洁工作，这样喷雾机具可在田间清洗完毕，再返回农场。

（二）液泵

喷雾机上用的液泵有两大类：一类为往复式泵，如柱塞泵、活塞泵、隔膜泵等，这类泵属强制式脉动排液，工作压力较大，但需安装安全阀和空气室，使喷雾压力稳定，排液连续；另一类是旋转泵，如离心泵、漩涡泵、滚子泵。旋转泵能连续排液，压力稳定，不需要空气室。喷杆喷雾机最常用的液泵为隔膜泵，大多采用2～6缸隔膜泵。

选择液泵时，必须同时满足喷雾机的总流量和压力的要求，总流量取决于所有喷头在最高压力下的总喷量和搅拌药箱所需要的流量之和，搅拌流量至少为药箱容积的5％～10％。选择液泵还应考虑喷洒药剂的类型，尤其是对泵体材料的影响。

（三）过滤器

一般喷雾机上应有四级过滤，药液箱加液口、进入泵前、压力管路（泵后）和各喷头处都应装有过滤装置。各处对滤网的尺寸要求不同。药箱加液口的过滤网一般为50目；喷头处过滤网的孔径不应大于喷头喷嘴尺寸的70％（50目、80目和100目比较常用）；管路中的过滤器应具有足够的过滤面积，能与液泵的排量匹配，过滤网的孔径必须小于所用各类喷头中最小规格喷头喷孔的直径，安装位置应能让积聚的杂质集中在滤网外侧底部，这样不易发生堵塞。所有的过滤器滤网应定期检查与清理。

（四）搅拌装置

搅拌装置的主要功用是搅拌药液箱内的药液，防止药液中的非溶解物沉淀，避免乳化剂中的乳油悬浮到药液表面，以及喷雾机在较长时间不使用时，能在较短的时间内（如10分钟）将沉淀物从箱底搅起并使药液混合均匀，保证进入喷雾系统的药液浓度均匀。搅拌装置采用液力式，从液泵引出部分压力药液，通过药箱内射流式喷头或一系列喷孔喷入药液进行搅动。结构简单。

（五）调压分配阀

调节控制喷雾机药液压力、流量和流向，监测喷雾机的工作状况和作业参数或质量。基本调节控制装置包括调压安全阀、总截流阀、分段控制截流阀、阻尼阔和压力表等。总截流阀用于控制喷雾或停喷，分段控制截流阀可以分别控制各段喷杆的喷雾或停喷，停喷同时释压，防止停喷后喷头滴漏。阻尼阀分别安装在分段控制截流阀的回水管路上，调节阻尼阀可使分段控制截流阀的回水管路与喷雾管路的水力阻力相等，以保证在关闭任意一组或几组喷头时，其余各组喷头的喷雾压力和喷雾量不变。调压分配阀一般由喷雾机驾驶员手动操作。

（六）喷杆与喷头

（1）喷杆。喷雾机喷杆大多为桁架式结构（见图 6-10），它的作用是安装喷头、折叠和展开喷杆，喷杆展开后实现宽幅均匀喷洒。按喷幅大小的不同，喷杆桁架可以是 3 节、5 节或 7 节，除中央段喷杆外，其余的各节可以向后、向上或向两侧折叠，以便于运输和停放。在喷雾作业时，喷杆桁架展开成一直线。通常 10 米以下喷幅喷杆的悬挂架采用整体式，大于 10 米喷幅喷杆的悬挂架要有仿形机构，保持作业时喷杆与地面的平行。中央段喷杆与外喷杆的交接处还装有垂直方向的弹性活节。当地面不平，拖拉机倾斜而使外喷杆着地时，外喷杆可以自动地向上避让，中央喷杆与邻接的喷杆之间也需要装有安全避让装置，如在两节喷杆之间倾斜地装有凸轮弹簧自动回位机构。作业中，当遇到障碍物时，在外力作用下，凸轮曲面克服弹簧力开始滑动，它一边把中央喷杆和外喷杆抬起，一边使它们绕着倾斜的凸轮轴向后、向上回转，绕过障碍物后，在喷杆自重及弹簧力的作用下，又迅速复位，从而起到保护喷杆的作用。宽幅喷杆的两端均装有仿形环或仿形板，以免作业时由于喷杆倾斜而使最外端的喷头着地。喷杆的高度通过吊架上钢丝绳上下调节。

（2）喷头及其防滴装置。喷杆上可以安装使用多种类型的喷头，喷头的选择在很大程度上取决于所喷洒的药剂类型、施药液量和最终的防治目标。为此，对喷头的喷量、雾形、喷雾角和雾滴大小等的要求必须有所不同，如圆锥雾喷头首选用于阔叶作物喷洒叶面杀虫剂和杀菌剂，而扇形雾喷头主要用于处理小麦和类似谷类作物或土壤的各种农药的喷洒；为了减少除草剂的飘移损失和危害，常采用低压喷雾（0.1～0.2MPa）或选用防飘喷头。喷头与喷杆的连接与固定有多种型式，最传统的方法是喷头体与喷杆用螺纹连接，特点是连接紧密，高压时工作可靠。喷头体内在滤网之前应装有防滴（陶）装置，当管路压力降低到一定程度或无压力时，能迅速切断液流，当机组在地头转弯或运输过程中不喷药时，药液不从喷头滴漏，以避免作物药害及浪费农药，这对于喷施高浓度药液及除草剂尤为重要。装有防滴阀的喷头，更换喷头时不会有药液从喷杆中泄漏。

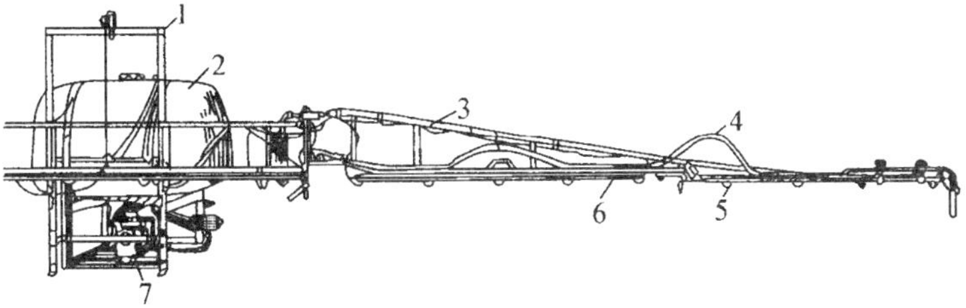

图 6-10 喷杆与喷头

1. 吊架 2. 药液箱 3. 喷杆架 4. 输液管 5. 喷头 6. 喷杆 7. 液泵

（七）水田专用行走轮

水田作业时必须安装专用的行走轮，根据拖拉机的重量确定轮宽和轮辐，以适应水稻田特殊的工作条件。喷雾机重量过大时，田间作业时行走轮下陷较深，不仅影响工作效率，而且对稻田土壤底层破坏严重。另一种比较方便的办法是留出作业行走道，提供给拖拉机与喷雾机机组多次进地作业行驶的通道，但这要求喷雾机、施肥机等的喷幅是作物播种机喷幅的整数倍，并在地头留出足够的转弯距离。若有作业通道，可不换装水田专用行走轮。

三、喷杆式喷雾机常见故障及排除方法

喷杆式喷雾机的常见故障及排除方法见表 6-11。

表 6-11 喷杆喷雾机常见故障的排除方法

故障现象	故障原因	排除方法
吸不上水	三通阀(开关)或操纵手柄位置不对,吸水头滤网堵塞,吸水管严重漏气	放在正确的位置,清洗滤网修复或更换吸水管
吸水速度慢	隔膜泵进、出水阀门磨损或损坏 隔膜泵进、出水阀的弹簧折断,吸水管路堵塞或漏水,吸水高度太大	修理或更换阀门部件更换弹簧 清除堵塞,修复漏气处降低吸水高度或另选水源
调压阀失灵或压力调不上去	调压弹簧损坏,压力指示器损坏	更换弹簧更换压力指示器
压力指示器上压力不稳定或振动大,泵出水管抖动剧烈	空气室充气压力不足或过大,隔膜泵阀门损坏,空气室隔膜损坏	调整至规定压力,更换阀门,更换隔膜
泵油杯口窜出油水混合物	隔膜泵损坏	更换隔膜
喷雾不均匀	各喷头的喷量不一致,喷孔磨损,喷头堵塞	换掉喷量过大或过小的喷嘴、喷头片,更换喷嘴或喷头片,清除堵塞物
少数喷头不喷雾	喷孔或喷头滤网堵塞	清除堵塞物
喷头滴漏	防漏阀弹簧或膜片损坏 防漏阀螺帽未拧紧 阀被杂物卡住 弹簧损坏 钢球锈蚀 阀座损坏或有杂物	更换弹簧或膜片 拧紧螺帽 清除杂物 更换弹簧 清洗或更换钢球 更换过滤架,清除杂物

参考文献

[1]于孟忠.农业机械使用与维护[M].哈尔滨:哈尔滨工业大学出版社,2015.

[2]胡霞,汪成华.农业机械应用技术[M].北京:中国农业出版社,2015.

[3]甘肃省农牧厅.农业机械使用要求与安全操作技术[M].兰州:甘肃科学技术出版社,2015.